现代服装测试技术

MONDERN CLOTHING TESTING TECHNOLOGY

陈东生 吕佳 著

東華大學出版社 · 上海

内容简介

本书以服装和着装的主体——人作为研究对象，围绕人和服装之间的关系，从服装诱发的心理认知、生理卫生、动作行为三个方面，将服装的现代测量方法与技术进行了系统的梳理，主要包括心理量表技术、服装压力测试技术、脑电测试技术、眼动技术、生物信号分析技术、人工气候室技术等服装人体工程学内容。通过上述内容的阐述，旨在提供一些科学的、有实际使用价值的现代服装测试方法和技术，以帮助服装从业人员充分利用人体工程学和人体工效学方法进行科学的服装测量和研究。

图书在版编目(CIP)数据

现代服装测试技术 / 陈东生，吕佳著. —上海：东华大学出版社，2019.1

ISBN 978-7-5669-1479-8

Ⅰ.①现… Ⅱ.①陈… ②吕… Ⅲ.①服装量裁 Ⅳ.①TS941.631

中国版本图书馆 CIP 数据核字(2018)第 222646 号

责任编辑 马文娟
封面设计 陈奕锦

现代服装测试技术
XIANDAI FUZHUANG CESHI JISHU

陈东生 吕 佳 著

出　　版：东华大学出版社（地址：上海市延安西路 1882 号 邮政编码：200051）
本 社 网 址：dhupress. dhu. edu. cn
天猫旗舰店：http://dhdx. tmall. com
营 销 中 心：021-62193056 62373056 62379558
印　　刷：句容市排印厂
开　　本：787 mm×1092 mm 1/16
印　　张：9.25
字　　数：296 千字
版　　次：2019 年 1 月第 1 版
印　　次：2019 年 1 月第 1 次印刷
书　　号：ISBN 978-7-5669-1479-8
定　　价：58.00 元

前　言

本书是“服装人因工程学的教学内容和课程体系建设”（教育部产学合作协同育人项目：201702145008）的阶段性研究成果。

人与服装之间的关系一直是服装研究的重点，早期服装研究的开展是基于人体尺寸等一些物理指标和人的心理量的测量，从传统的尺寸测量及表层的心理评价角度对服装进行研究，国内服装类专业基本都开设了服装卫生学和服装心理学等课程。

自20世纪70年代开始，感性工学研究在日本兴起，并广泛应用于日本产业界，包括服装、自动化、电子以及其他工业。感性工学是一种运用心理学、工效学、医学或工学的方法分析人的心理过程（如与产品相关的情感、感觉）和需要（感性），并将这些感性数据转换为合适的设计元素（如尺寸、外形、颜色），继而进行新产品设计的技术。感性工学设计理论推动了设计产业由以往产品导向向市场导向转变的生产战略。

随着感性工学、人因工效学等学科在服装领域的延伸，加上现代科学技术的发展，21世纪的服装产业已经不能再局限于传统的“设计—生产—提供”的“设计师导向”生产模式，而是将设计师主导转变为用户主导，在生产过程中将生产者与消费者一体化（Producer＋Customer＝Protomer），这就需要对人和服装的关系进行更加深刻的研究，特别是在服装行业竞争加剧和现代科学技术发展的当下，如何合理有效地利用科学仪器进行各种环境和条件下的着装测试，提供更科学和客观的服装研究与开发方案，已经是目前新的研究课题和发展方向。

因此，为了适应现代服装研究的需要，著者在多年研究积累的基础上，从服装卫生学、人体生理学、心理学、人体测量学、生物力学、医学等学科中吸取理论知识和研究手段，依托教育部产学合作协同育人项目，策划并编写了《现代服装测试技术》一书。本书以服装以及着装的主体——人作为研究对象，围绕人和服装之间的关系，从服装诱发的心理认知、生理卫生指标、动作行为三个方面，将现代服装的一些测量方法进行系统介绍。目的在于提供一种广泛的、有实际使用价值的现代服装的测试方法，以帮助服装从业人员充分利用人因和工效学方法进行科学的服装研究，满足市场导向生产模式的需求。

全书共分为十一个模块。模块一是绪论部分，主要介绍现代服装测试技术的研究范畴、研究对象和研究任务等；模块二基于服装服务的对象开展人体测量技术方面的介绍；模块三基于心理量的测量方法对服装评价技术进行介绍；模块四至模块七基于生理量的测量对服装评价技术进行介绍，包括服装压力测试技术、脑电测试技术、生物信号分析技术等内容；模块八至模块十从眼动技术、行为观察等动作行为的测量展开介绍；模块十一介绍人工气候室技术。本书由陈东生博士策划主持，并由陈东生博士和吕佳博士共著，其中绪论部分由陈东生博士负责执笔，模块二、模块四由刘红博士负责执笔，模块八由杨倩副教授负责执笔，模块三、模块五、模块六、模块七、模块九、模块十、模块十一由吕佳博士负责执笔，全书最后由陈东生博士负责统稿交稿。

本书基于著者长年研究，经过四五年的资料整理和编写，凝结了著者长期的科研成果和知识积累。但是，科学技术的迅速发展已经是现今社会的必然发展趋势，新的技术方法推陈出新，本书只能作为现代服装测试技术的阶段性的研究成果。全书在编写时力求科学性与适用性相结合，内容详实，旨在构建一个系统全面的服装测试技术体系，但是鉴于著者的理论知识与实践水平有限，虽然经过反复修改，仍难免存在不足之处，恳请广大读者批评指正。在本书的编写过程中还引用和参考了许多中外专家学者的著作和科研成果，在此，谨对原作者表示最诚挚的感谢。

著 者

2019.1

目　录

模块一　绪　论

随着服装行业竞争的加剧和现代研究技术的发展,服装作为人们生活中必不可少的组成部分,其功能属性在不断扩展。对服装的使用者而言,消费者的需求也在不断转变,除了要求服装具有实(使)用功能外(客观功能),还要兼具认知功能(主观功能)。21世纪的服装已经不能再局限于传统的"设计—生产—提供"的设计师/生产导向生产模式,而是将设计师主导转变为用户主导,在生产过程中将生产者与消费者一体化(Producer+Customer=Protomer)起来。生产模式的转变促使服装领域对人与服装的关系展开深刻的研究,特别是在服装行业竞争加剧和现代科学技术发展的当下,除了沿用传统设计理论和心理学的研究方法,通过访谈(定性研究)和设计调查问卷(定量研究)的形式,调查被试对测量主体的态度,为消费者提供设计方案外,如何合理有效地利用科学仪器和设备进行各种环境和条件下的着装测试,提供更为科学和客观的研究手段和服装设计方案,已经是目前新的研究课题和发展方向。

随着感性工学、可用性设计、情感化设计及人体工程学等研究理念和方法在服装领域的不断深化,结合人体生理学、心理学、人体测量学、生物力学、医学等学科,从中吸取理论知识和研究手段,借助先进仪器设备,可以展开各种条件和环境下基于心理量和生理量的着装测试,如:通过脑电波或功能性磁共振成像测量大脑的活动状态来判断版型设计是否合理、色彩搭配是否协调、面料引起的舒适性如何等,并在此基础上进行一系列动机、态度和购买行为的预测等;使用肌电图测量着装状态下肌肉在工作执行中的状态,从而进行工作负荷的调整,避免肌肉损伤;使用眼动仪测量眼球的活动观察消费者对感兴趣的设计产生哪些视觉注意,从而进行设计调整;等等。这一系列围绕服装展开的研究,都是通过一些现代的技术手段和仪器设备测量,将人对服装主观的甚至无意识的感觉转换为具体的设计参数,最大限度地考虑到服装的使用功能并满足消费者的需求,科学客观地评价服装的功能和属性。

现代服装测试技术可以用于以下几个方面:

- 设计评价;
- 着装心理;
- 着装舒适性;
- 着装与微气候;
- 可穿戴式服装。

因此,了解和掌握现代服装的一些测试技术,为服装设计相关企业和人员科学有效地进行设计提供参考,以便设计满足消费者情感需要和认同的服装,不仅是目前新的研究课题和发展方向,也是在多元化社会环境中获取市场成功的重要方面。

任务一　现代服装测试技术的研究范畴

20 世纪 40 年代末期，以心理学、生理学、解剖学、人体测量学等学科为基础的人机工程学和心理测量等应用心理学科迅速发展起来。60 年代以后，随着社会经济和科学技术的飞速发展，心理生理学、人机工程学等学科的研究取得了巨大的进步。70 年代感性工学理论的导入使得设计领域进入了感性研究的时代。这些研究方向的共同点是试图抓住个体的感觉，并将这些感觉变为可描述的甚至可测量的具体指标，以便依据个体的情感体验来评价产品。

20 世纪 90 年代，日本的产业界全面导入感性工学技术和理念，服装、汽车、日用品、陶瓷以及装饰品等领域都将感性工学技术应用于新产品的开发研究中。1993 年，日本文部省开始研究感性工学发展的可能性，由政府投入财力支持学术界展开调研。1995 年，日本举行首届“感性工学研讨会”。两年后，“日本感性工学学会”成立。

服装作为一种产品，也同其他设计一样，开始将用户预期可用性、满意度以及美感之间的相互作用等“软问题”(Softer Issues)纳入新的设计理念中，并通过一些测试技术和手段将消费者对服装的感觉转换为具体的设计参数，科学客观地评价服装的功能和属性。因此，现代服装测试技术具有多学科、交叉性和边缘性的特点，除了从心理学和生理学等学科中吸收理论知识和研究手段外，基本围绕感性工学的理论和研究方法展开。

感性工学理论是广岛大学的长町三生(Mitsuo Nagamachi)教授在 20 世纪 70 年代早期提出的。感性工学可以解释为一种将人的心理过程(如与产品相关的情感、感觉)和需要转换成合适的设计元素(如尺寸、体型、颜色)的方法，简单来说就是一种以顾客定位为导向的产品开发技术，一种将顾客感受和意向转化为设计要素的翻译技术。它的研究目的是收集人的感性体验，强调利用工具来探测人的情绪行为和反应，发现艺术作品的感性结构，并建立感性与产品物理特征联系的数学预测模型，可以为创作满足消费者需要和期望的产品提供方法。如图 1-1 所示的感性通路，认为新产品的出现需要经过感性评价和感性分析步骤，其中感性可以通过心理、生理分析进行评价。

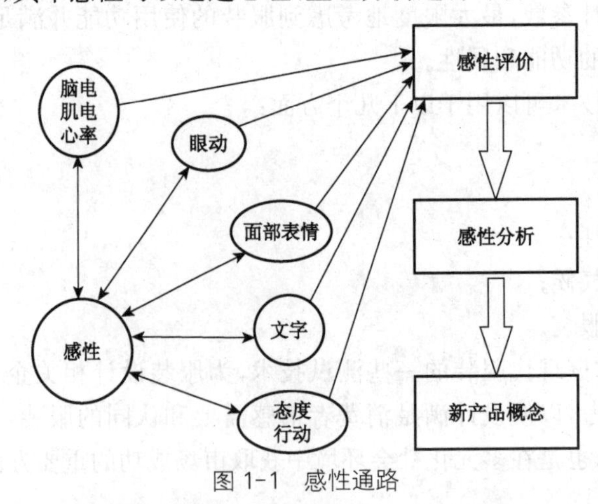

图 1-1　感性通路

结合感性工学理论，现代服装测试技术大致也可以从心理量的测量、生理量的测量和动作行为的测量三个方面入手。

一、心理量的测量

心理量的测量是一种借助心理学量表的自我报告形式的体现，测量被试的主观感知、态度和动机。

基于心理机制的情绪评估是被试自我主观态度的体现，是较为成熟且广泛使用的服装情绪评价方法。但是由于被试文化差异、社会背景以及受教育程度等因素的制约，加之被试在实际参与评价过程中主观态度的变化和对感性词汇理解的偏差，得到数据的稳定性和一致性不能保证非常理想，虽然可以通过信度评价等方法在一定程度上抑制误差的作用，但很难大幅度消除误差的影响，因此这种测量的方式虽然广泛易用，但在特定的条件下，与通过生理指标侦测心理反应的技术手段相比，不够直接和准确。

二、生理量的测量

生理量测量的目的是获取被试在刺激发生时身体反应的具体变化指标，通过神经系统（中枢神经系统、外周神经系统和内分泌系统）和外部行为（瞳孔、动作、面部表情等）的变化等心理状态的常见量度，分析推论其心理状态。

生理信号的测量是一种借助仪器设备的客观测量方式，基于人体对服装诱发刺激的原始反应，通过脑电仪、多导生理仪、眼动仪等一系列生理反应测量仪器对脑电活动、心电活动、眼电活动以及其他相关指标进行测量。这种测量方法比较复杂，需要在可控的实验室环境下进行生理数据采集，且数据分析复杂，但最大优点是客观性和实时性，因此结果具有较高的真实性和准确性，并且可以在不影响工作任务执行的情况下进行连续的监测。

三、动作行为的测量

外部的动作行为也是向他人传达状态的一种方式，包括能观察到的任何行为，同时也包括潜在的行为或处于准备状态的行为，以及与此相应的行为意图，如面部表情、声音、手势、姿势等。通过行为观察系统，可以对上述外部动作行为进行观察分析。

任务二 现代服装测试技术的研究对象

现代服装测试技术的主要研究对象是人（服装的穿用者、欣赏者和消费者）、服装，以及人和服装之间的交互关系。

一、人

人可以是实验者（主试），即主持实验的人，发出刺激给被试，通过实验收集相关数据;也可以是实验的对象(被试),接受主试发出的刺激并做出反应。

(一) 人体构造

人体的构造非常复杂,从解剖学的角度可以将人体分为不同的系统,每个系统担负特定的工作任务,也连同其他系统一起工作。人体系统由微小的细胞组成,同类的许多细胞形成组织(如神经组织、肌肉组织),两个以上不同类型的组织构成一个器官(如大脑、胃、肾脏),几个器官一起工作来执行不同的功能(如消化食物),如图 1-2 所示。

细胞 ——→ 组织 ——→ 器官 ——→ 系统 ——→ 人体

图 1-2 人体构造示意图

1. 细胞

细胞是构成人体基本结构和功能的单位,由细胞膜、细胞质和细胞核组成。一个标准细胞直径在 10～20 微米,人体内共有 40 万亿～60 万亿个不同种类的细胞,如神经细胞、肌肉细胞等。

2. 组织

人体组织是由许多形态和功能相同的细胞与细胞间质构成的。细胞间质是指细胞与细胞之间的物质,如弹性纤维、胶原纤维、液体等。人体的四类基本组织分别是上皮组织、结缔组织、肌肉组织和神经组织。

3. 器官

由多种组织构成的能行使一(特)定功能的结构单位叫作器官。器官的组织结构特点跟它的功能相适应,如眼、耳、鼻、舌等感觉器官,或心、肝、肺、胃、肾等内脏器官。

4. 系统

系统是两个或两个以上的器官及相关结构作为一个功能整体,行使一种或一系列相同功能的组合,如循环系统推动血液流动。有的器官不止参与人体一个系统,如胰腺既参与消化系统(产生和分泌消化酶),又参与内分泌系统(产生激素)。人体由 13 大系统构成。

(1) 外皮系统

构成:皮肤及其附属结构(毛发、指趾甲和脂汗腺)。

功能:保护身体,调节体温,排除废物,并感受特殊刺激(触觉、温度和痛觉)。

(2) 肌肉系统

构成:人体共有 640 块骨骼肌,大部分都附着在骨头上。

功能:影响身体运动,保持姿势,产生身体热量。

(3) 骨骼系统

构成:人体共有 206 块骨头,它们通过各种类型的关节连接。

功能:支撑身体,以及给予身体一定的保护,如头部、眼睛、心脏等,并通过肌肉牵引进行运动,以及造血、储存矿物质。

(4) 神经系统

组成:神经系统是人体结构和功能最复杂的系统,由神经细胞组成,在机体内起主导作用。神经系统分为中枢神经系统和周围神经系统,中枢神经系统包括脑和脊髓,周围神经系统包括脑神经、脊神经和内脏神经。

功能：人体的结构与功能均极为复杂，体内各器官、系统的功能和各种生理过程都不是各自孤立地进行，而是在神经系统的直接或间接调节控制下互相联系、相互影响、密切配合，使人体成为一个完整统一的有机体，实现和维持正常的生命活动。同时，人体生活在经常变化的环境中，神经系统能感受到外部环境的变化，对体内各种功能不断进行调整，使人体适应体内外环境的变化。

(5) 感觉系统

构成：眼睛、耳朵、鼻子、舌头和皮肤是构成感觉器官的五个主要组件。

功能：身体内部监测温度、血压、氧气水平、关节位置、肌肉伸缩量及其他变化的传感，内耳中起平衡作用的重力和运动传感器。

(6) 呼吸系统

构成：鼻子、气管、肺等。

功能：给血液提供氧气并排出废的二氧化碳，帮助调节酸碱平衡。

(7) 循环系统

构成：心脏和运送血液或血液成分的血管。

功能：运送呼吸的气体、营养、废物和激素，免于疾病和液体流失，帮助调节体温和酸碱平衡。

(8) 消化系统

构成：嘴、牙齿、喉咙、试管、胃、肠、直肠、肛门构成了整个消化通路。肝、胆囊、胰腺也是消化系统的一部分。

功能：将食物消化为身体能够吸收的微小的营养素，去除固体废物残留物。

(9) 泌尿系统

构成：由肾脏、输尿管、膀胱、尿道组成。

功能：排出机体新陈代谢中产生的废物和多余的液体，保持机体内环境的平衡和稳定。肾产生尿液，输尿管将尿液输送至膀胱，膀胱为储存尿液的器官，尿液经尿道排出体外。

(10) 生殖系统

构成：男性与女性唯一有显著不同的系统，也是唯一在出生时不工作，而是在青春期开始运行的系统，是产生、贮存并运送生殖细胞的人体器官。

功能：繁殖后代，产生性激素。

(11) 内分泌系统

构成：内分泌系统是神经系统以外的一个重要的调节系统，包括弥散内分泌系统和固有内分泌系统。

功能：传递信息，参与调节机体新陈代谢、生长发育和生殖活动，维持机体内环境的稳定。

(12) 淋巴系统

构成：淋巴管、淋巴结(腺体)和淋巴液。

功能：从细胞和组织中收集体液，帮助分配营养素和收集废物，淋巴液注入血液系统，与免疫系统密切关联。

(13) 免疫系统

是人体抵御细菌、病毒以及其他微生物入侵的最重要的保卫系统。构成：由免疫器官（骨髓、胸腺、脾脏、淋巴结、扁桃体、小肠集合淋巴结、阑尾、胸腺等）、免疫细胞（淋巴细胞、单核吞噬细胞、中性粒细胞、嗜碱粒细胞、嗜酸粒细胞、肥大细胞、血小板），以及免疫分子（抗体、免疫球蛋白、干扰素、白细胞介素、肿瘤坏死因子等细胞因子等）组成。

功能：排除组织正常工作中产生的废物；帮助身体恢复，帮助修复损伤；保持监控身体内部疾病的出现，如恶性（癌）细胞。

(二) 人的需求

美国人本主义心理学家马斯洛（Maslow）于 1943 年提出了人的需求层次理论，他认为人类的需求层次从低到高可以分为生理需求（Physiological Need）、安全需求（Safety Need）、归属与爱的需求（Belonging need and Love Need）、尊重需求（Esteem Need）、自我实现的需求（Self-actualization Need）五级体系（图 1-3）。设计的目的就是满足消费者的需求，设计符合消费者需要和偏好的服装，可以刺激消费者产生欲望需求，继而产生消费需求，形成购买动机。

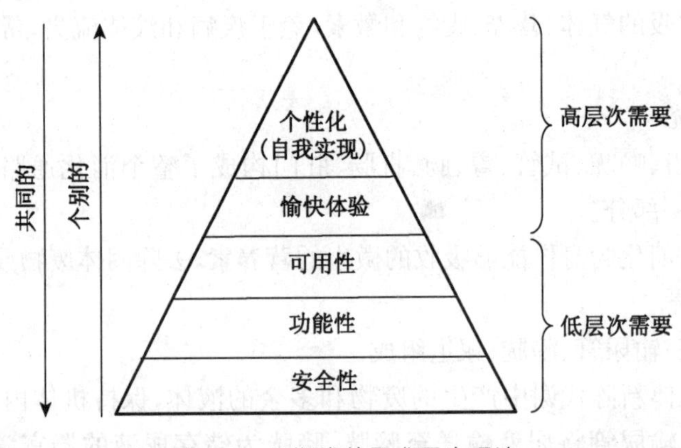

图 1-3 马斯洛的需求层次理论

(三) 人的认知加工过程

人在面对任何物体的时候都有其心理反应，服装也不例外。这种心理反应的出现主要是相关的感觉（视觉、听觉、触觉、味觉、嗅觉）器官进行认知（感觉和知觉）加工的过程。其中，感觉是客观事物的个别属性经过神经系统的加工在人脑中引起的反应，是一种最简单的心理现象。其他较为高级和复杂的心理现象，如知觉、思维、情绪等都是以感觉为基础产生的，是人们对感觉刺激进行辨别、组织、理解和加工的过程，是感觉的升华（图 1-4）。

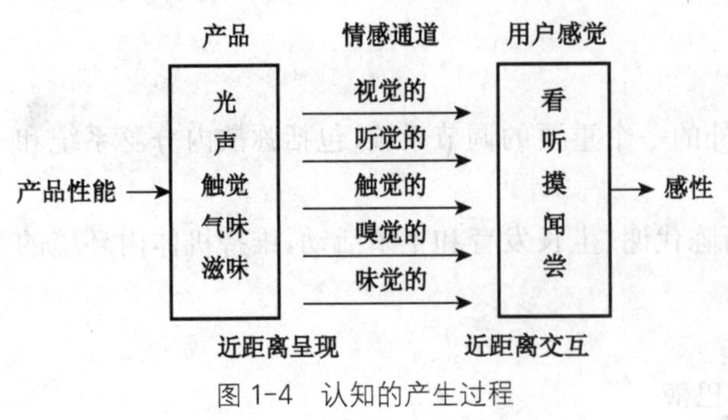

图 1-4 认知的产生过程

人对服装的认知是人在服装审美和穿用过程中通过视觉、触觉、听觉、嗅觉，以及其他身体感觉在内的感官器官获得的所有感觉（感知、感受），是人对服装的态度和体验。当这些感觉被触发时，人对服装的知觉、判断和记忆的心理认知也随之出现。如：当一款服装呈现在眼前时，对它的整体认识首先是从感觉开始的，通过感觉人们可以分辨服装的色彩、细节、款式等各种属性，形成对服装的整体印象，这就对服装产生了知觉，然后再对它进行深入的加工、分析等，做出对服装感觉的判断。

对于感觉器官而言，视觉和触觉基本提供了关于服装的全部信息。在服装评价中，视觉和触觉在人的感官知觉中扮演重要的角色。

视觉感受器是首先启动的感觉器官，主要负责服装的外部通路，如：服装的外部形态、色彩、细部装饰、服装面料的质感和垂感、花纹和光泽等方面。

其次是触觉感受器，主要负责内部通路，如服装面料表面的光滑度、粗糙度、柔软性、厚度等，以及穿着的压感舒适性、热感舒适性等。

其他感觉器官也在协同视觉和触觉感受器对感觉做出相应的反应，如真丝面料服装在穿用过程中发出的丝鸣会诱发听觉器官做出反应，而新型芳香面料使得嗅觉器官在服装体验中也发挥着作用。

二、服装

服装包含款式、面料、色彩三方面要素。款式是首先要考虑的因素，款式的设计起到主体骨架的作用，是服装造型的基础；面料是体现款式的基本素材，不论款式简单或复杂，都需要通过材料来体现；色彩是创造服装的整体视觉效果的主要因素，色彩是最先进入视觉感受系统的，色彩常常以不同的形式和不同的程度影响着人们的情感，因此，色彩是创造服装整体艺术气氛和审美感受的重要因素。

在卖方市场向买方市场转化的进程中，服装各要素的有机组合在满足客观功能的前提下，上升至蕴含各种精神文化等情感因素以满足人的心理、生理需求的主观功能（图1-5）。服装设计的目的就是满足消费者的需求，设计符合消费者需要和偏好的服装可以刺激消费者产生欲望需求，继而产生消费需求，形成购买动机。

服装设计包括外部设计（服装的外部形态、色彩、面料的质感和垂感、细节等）与内部设计（服装材料的手感、性能、舒适性、结构分割等）两大类信息。其中，外部设计信息是最直接和快速作用于消费者的，在很大程度上可能先于内部信息独立产生作用，然后才是内、外部信息共同对消费者的消费判断产生作用。现代社会快节奏和高信息容量的特征越来越明显，消费者面临的机会与选择很多，常常需要短时间内做出消费判断，因此外部信息可能对消费行为起到前级滤波的作用。

由于服装是外观形态（有形的外观而非内部交互）的“合规律性”与内在形式（内部交互而非外观）的“合目的性”的统一，因此，人们对于服装的情绪体验体现在外观的设计和实际的使用上，也就是说服装的情感体验不仅体现在服装外观形态赏心悦目、符合形式美的规律，还体现在服装内在结构符合功能性、舒适性、目的性和技术性的结合。

“合规律性”体现的是服装的艺术性质，主要表现在服装的形态、色彩、材质、肌理、工艺、细节、装饰元素等方面，不仅要符合形式美法则，还要符合人的审美心理。人们

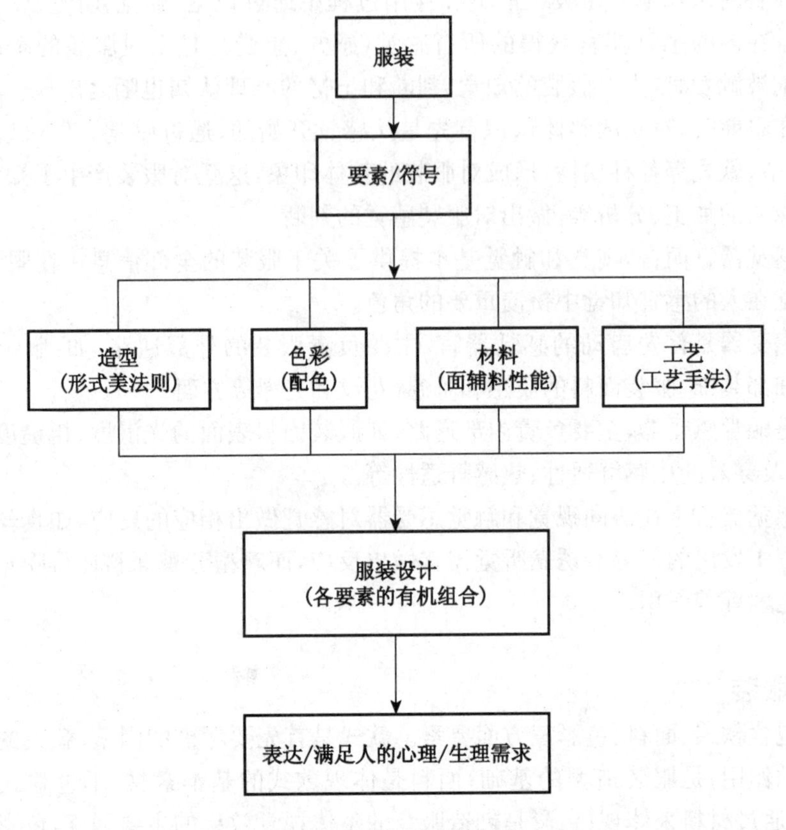

图 1-5 服装功能的转变

通过视觉、触觉等审美器官来感受它，从而获得心理上的舒适感和精神上的愉悦感、满足感。

“合目的性”体现的是服装的工学性质，表现在从人的需要出发，使人在着装的状态下能够适合人的生理、心理需要，符合人体的生理构造和人体工学的要求，达到身心的愉悦，在服装的舒适性和功能性上得到情感的认同。

总体说来，服装的设计和研究是为了实现人与服装之间的和谐与统一，使服装的各个指标与人的各种要求相适应，让服装与人达到最佳匹配的状态。

任务三　现代服装测试技术的研究任务

测量是获取人对服装认知的主要途径，但是由于人的认知是主观的、模糊不清的、松散的，不方便直接测量，因此需要借助仪器设备来设计间接的测量方法。

根据现代服装测试技术的研究范畴，人是测量的主体，着装状态下也是被测的对象，这就需要对人的心理和生理状态进行分析，处于积极的状态或消极的状态，对应的主观感觉、生理指标和外显行为是不同的，这就构成了人的情绪(表 1-1)。基于人体复杂的情绪系统，现代服装的测量可以通过两种技术方法进行，如表 1-2 所示，一是基于心理感觉的主观评价方法，一是基于生理唤醒和行为动作的客观评价方法。

表 1-1　情绪的组成部分

<table>
<tr><th>组成成分</th><th colspan="3">描　述</th><th>变化指标</th></tr>
<tr><td>主观感觉</td><td colspan="3">个体的意识体验(思维、情感)，能够使用丰富的情绪词描述自我情绪以便容易的传达其对特定刺激的反应，或在一个两极分化量表上(如从“很不愉快”到“很愉快”)评估自我的感受</td><td>情绪维度</td></tr>
<tr><td rowspan="3">生理反应</td><td rowspan="2">神经系统变化</td><td>中枢神经系统</td><td>大脑皮层的神经活动或血液中的化学成分的变化</td><td>脑电图(EEG)
脑磁图(MEG)
脑内血液流速
……</td></tr>
<tr><td>外周神经系统</td><td>血压、心跳、出汗，以及在情绪唤醒期间上下波动的其他变量</td><td>心血管活动：心率变异性、血压、心输出量、总外周阻力、射血前期等
皮肤电活动：出汗
皮肤温度
呼吸
瞳孔活动
……</td></tr>
<tr><td colspan="2">内分泌系统变化</td><td>有机体的重要调节系统，负责释放激素和抗体</td><td>肾上腺素
甲状腺素
……</td></tr>
<tr><td>外显行为</td><td colspan="3">外部的行为表现是向他人传达情感的一种主要方式，包括能观察到的任何行为，同时也包括潜在的行为，或处于准备状态的行为，以及与此相应的行为意图</td><td>面部表情
声音表达
手势
姿势
……</td></tr>
</table>

表 1-2　现代服装技术的测试方法

<table>
<tr><th>类别</th><th>方法</th><th>描述/工具</th></tr>
<tr><td rowspan="2">主观测量</td><td>数量化自我报告</td><td>被试通过自我语言描述或使用情绪量表报告自我的情感状态，如SD量表
可以在不同情况下使用：实验室/调查问卷/访谈</td></tr>
<tr><td>图形化自我报告</td><td>被试通过图片或动画表示自我的情感状态</td></tr>
<tr><td rowspan="4">客观测量</td><td>外周神经系统</td><td>皮电活动
各种生理信号测量仪器，如血压仪、心电图或多导生理仪等</td></tr>
<tr><td>中枢神经系统</td><td>EEG
fMRI
MEG
ERPs</td></tr>
<tr><td rowspan="2">行为</td><td>声音特征：振幅、音高</td></tr>
<tr><td>面部行为：面部肌电扫描，面部动作编码系统
整个身体的行为：行为观察
视线追踪：眼动仪</td></tr>
</table>

任务四　现代服装测试技术的意义

一、促进服装产业的变革和发展

中国是全世界最大的服装消费国和生产国，服装行业也是我国的一大传统优势产业。作为基础性消费品产业，在全面建设小康社会的事业中，始终处于支柱性地位，不仅在国计民生中发挥重要作用，在国际竞争中也具有显著优势，一直为我国出口创汇做出巨大的贡献。

中国服装业的核心优势是多年沉淀下来的产业链集群及一流的生产硬件，但在软实力方面仍需提升，比如低层次服装产能过剩、用户预期可用性、满意度以及美感之间的相互作用等问题。“十三五”规划指出制造业要向生产型向生产服务型转变，着力向高附加值商品的生产方向发展，步入产品导向向市场导向转变的生产战略，使纺织服装不仅能防寒避暑、保护身体，而且能满足消费者的多种需要。因此，中国服装业要借助现代技术手段，运用信息化和智能化技术，构建消费者驱动的商业模式，用现代科学技术改造传统产业，打通企业、消费者和市场之间的障碍，优化升级价值链流程，提升我国服装产业在国内和国际市场上的核心竞争力。

二、提升服装的科学性与艺术性

服装是为人服务的，未来的服装设计更强调以穿用者为中心，更加注重穿用者个人的身心感受，如果不能满足穿着服装个体的需要，服装的价值也无法体现。因此，服装设计不光要解决设计的美感问题，更重要的是要能使产品符合人的全面要求。在现代科学研究越来越重视实证研究的前提下，从事设计的人员也越来越希望在设计中最大限度地排除自身的主观性和经验性，将科学与艺术进行合理交汇。通过一些测量指标的变化来客观评价消费者感性信息，正如感性工学定义所述，将过去难以量化、只能定性的、非理性的、无逻辑可言的感性反应，运用现代计算机技术加以量化，以发展新一代的设计技术和产品。目前，感性工学、设计心理学、人机工程学等学科已经广泛地运用于产品设计领域。在服装设计领域，随着服装心理学、服装美学的发展，也开始注重情绪量化的研究，有学者已提出建立服装情绪学这门新兴学科，提出针对情绪的定量可以通过脑科学法、数学模型法和计算机模拟法进行研究。

三、智能服装发展的需要

可穿戴技术作为一个新兴的跨学科领域，主要探索和创造能直接穿在身上或整合进服装或配件的设备的科学技术。服装作为人们日常生活必不可少的装备之一，将可穿戴技术整合进服装中而形成的具有一定感知和反馈双重功能的服装，称为智能服装，它不仅能够感知外部环境或内部状态的变化，也可以通过反馈机制实时地对这种变化做出反应。

结合现代技术，主要通过两种方式实现服装的智能：一种是运用智能服装材料（如形状记忆材料、相变材料、变色材料等）；另一种是将传感技术、微电子技术和信息技术（如柔性传感器、低功耗芯片技术、低功耗无线通信技术和电源等）引入人们日常穿着的服装中，进行医疗检测，追踪人们的生命体征（如心率以及其他生命体征），或进行健身指导（如热量消耗、压力水平检测等）。

智能服装出现之初是为了满足特种场合的使用要求，如应用在军事领域以提高作战防御能力。随着科学技术的发展和人们需求的日益提高，智能服装在其他很多领域都进行了有益的探索，除在军事领域发挥作用外，也被应用于医疗护理、高性能运动装以及高附加值休闲服中。过去几年中，通信和传感器技术被陆续集成到服装中，如鞋子、衬衫、腰带，甚至首饰或手表中，进行智能服装的研发，以满足人们不同用途的需要。

模块二　人体测量技术

服装因人体而产生，并且服务于人体，两者密不可分。服装所面对的对象是人，是按照人体静态时和动态时所需量裁制作而成的。一般说来，服装应该与人体的体型特征相吻合，服装穿在身上既能使人感到舒适合体，又要突出和增加人体美感，并且对人体起到保护作用。要实现这些，就要了解人体特征以及基本的人体测量方法。

人的着装舒适性在很大程度上依赖于人体与服装之间的关系，为了优化服装的技术，确保人与服装之间的和谐性，必须量化人体尺寸和体型。

在设计和改善人与服装关系的过程中，为了使各种与人体尺寸有关的设计对象能符合人的生理特点，使人在穿用服装时处于舒适的状态之中，就必须在设计中充分考虑人体各部外观形态特征及人体的各种尺寸，包括人体高度、人体各部分长度、厚度及活动位移范围等，对于这些参数的测量，称为人体测量。

除此之外，人体测量还可以用于：

- 建立人体尺寸标准库、军队制服型号分析；
- 虚拟试衣、个性化量身定做；
- 服装人机工效学；
- 特种服装设计（如航空航天服，潜水服等）。

任务一　人体测量技术的发展

人体测量学（Anthropometry）是人类学的一个分支学科。主要是用测量和观察的方法来描述人类的体质特征状况，根据测量的数据，运用统计学方法，对人体特征进行数量分析。

一、国际人体测量技术概况

系统的人体测量方法是在18世纪末由西欧一些科学家创立，他们或建立测量方法，或创制人体测量仪器，为人体测量方法与技术的建立和发展做出了贡献。德国人类学家马丁对人体测量学的贡献尤为显著，他创立的马丁人体测量仪是在国际上广泛使用的二维人体测量仪，可根据需要选用各类测量器进行人体各肢体长度、宽度、围度等形态指标的测量。

我国人体测量学的应用近年来发展较快，其重要性逐渐受到人们的重视。1983年至1988年间我国先后颁布了《人体测量术语》、《人体测量仪器》、《人体测量方法》以及《中国成年人人体尺寸》等几项国家标准，从而统一了人体测量的仪器和方法，为正确开展人体测量工作奠定了基础。

二、人体测量数据库

目前，世界上已有 90 多个大规模的人体尺寸数据库，其中欧美国家占了大部分，亚洲国家约有 10 个，而日本占了一半以上。如美国本土和欧洲人体测量数据库(Civilian American and European Survey of Anthropometry Research，简称 CAESAR)是由美国、荷兰和意大利联合调查产生的，目前在美国和欧洲国家得到了广泛应用。日本人体工程研究协会(Research Institute of Human Engineering for Quality Life，简称 HQL)提出的人体测量数据库，在日本的人机工效学、服装等领域也得到广泛应用。英国政府和一些大型的服装零售商、科研院校及服装企业协作完成了全国性的大规模人体测量项目，通过三维人体测量系统测量了人体在站姿和坐姿下的 130 多个尺寸，并由此建立了英国国家人体尺寸数据库。我国目前缺少大规模的人体尺寸数据库，中国标准化研究院于 2006 年 4 月联合 5 家高校成立中国人体尺寸测量网，形成了强大的人体尺寸测量队伍，建立了部分人体测量数据库，测量的人体尺寸数据项目多达 170 余项，可基本满足服装、皮革、家具、文教体育用品、交通运输、建筑等六大国民经济行业的数据使用需求。此外，一些科研院校也逐渐开展人体数据库的研究工作。

任务二　人体测量的基本术语

GB/T 5703—2010《用于技术设计的人体测量基础项目》规定了人机工程学使用的人体测量术语和人体测量方法，适用于成年人和青少年借助 GB/T 5704—2008《人体测量仪器》进行测量。

一、人体测量的术语

服装上所用的人体方位，基本上是按照医学解剖学、美术解剖学、人体美学设定的。一般用六面体来确定出人体的六个方位，即前面、后面、左面、右面、上面和下面。在明确人体方位后，可以确定基准点、基准线、基准面和基准轴。

基准点和基准线的确定是根据人体测量的需要，同时也考虑到这些点和线应具有明显性、固定性、易测性和代表性等特点。同时，测量的基准点和基准线无论在谁身上都是固有的，不因时间、生理的变化而变化(图 2-1)。

(一) 基准点

(1) 头顶点：头部最高之点，位于人体重心线上。

(2) 第七颈椎点：颈部后中央最高突起点。

(3) 颈窝点：左右锁骨胸骨端上缘的连接于正中矢状面的交点。

(4) 肩颈点：颈侧根部与肩部的转折点。

(5) 肩端点：锁骨与肩胛骨连接部位向上的最高点，是测量肩宽和袖长的参考点。

(6) 前腋点：人体手臂自然下垂时，手臂与躯干在腋前交接产生的皱褶点，是测量前胸宽的参考点。

(7) 肘点：屈肘 90°，尺骨鹰嘴向后下方最突出的点。

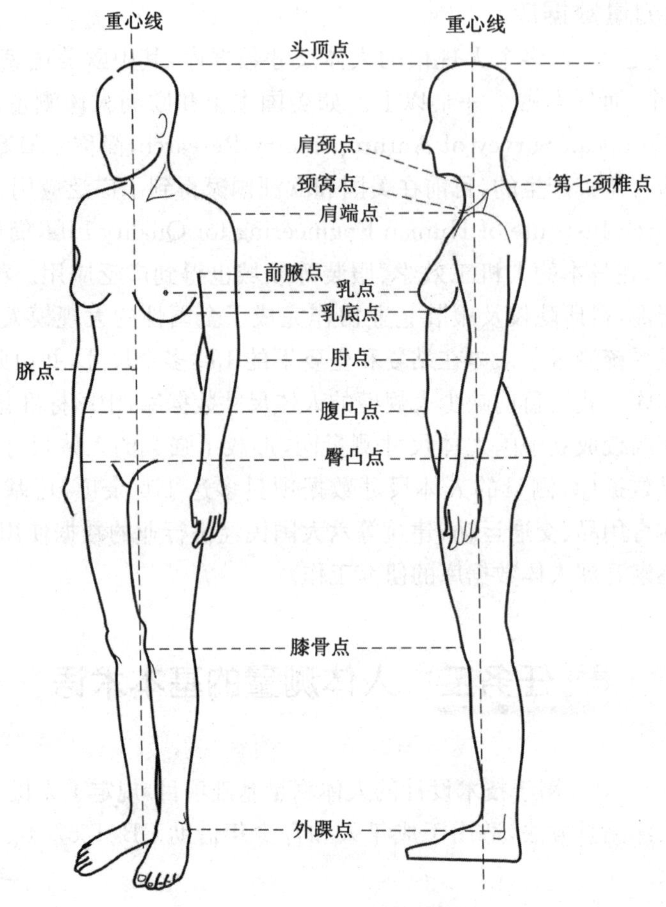

图 2-1 人体测量的基准点

(8) 乳点(乳峰点):乳房最高点,是女装结构设计中胸省处理时很重要的参考点。

(9) 乳底点:乳房垂直线与乳房轮廓线下边缘的相交点。

(10) 脐点:肚脐的中心。

(11) 腹凸点:腹部向前最突出的点。

(12) 后腋点:人体手臂自然下垂时,手臂与躯干在腋后交接产生的皱褶点,是测量后背宽的参考点。

(13) 臀凸点:臀部向后最突出的点,是确定臀围线和臀省省尖方向的参考点。

(14) 膝骨点:位于人体膝关节的中心处,是确定裤子的膝围线和测量裙长的参考点。

(15) 外踝点:腓骨外踝的下端点,是测量裤长的参考点。

(16) 大转子点:股骨大转子的最高点。

(二) 基准线

(1) 前中心线:人体前身左右对称的中央线。

(2) 后中心线:人体后身左右对称的中央线。

(3) 重心线:从左右侧面看过去,重心线是一条通过体表上的头顶、耳垂、颈前部、躯体中间、膝盖下端、足底中点的铅垂轴。

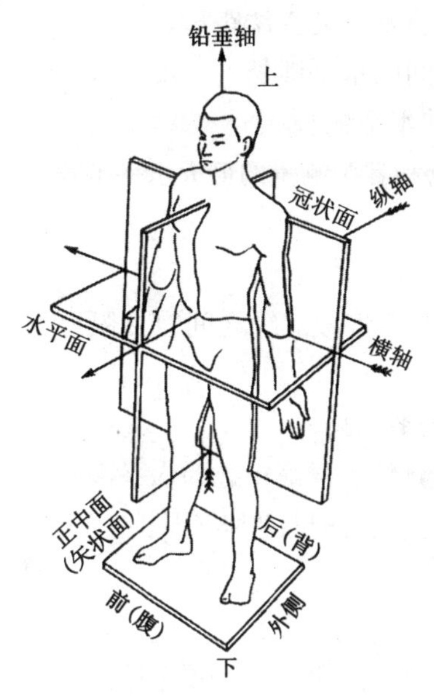

图 2-2　人体测量的基准面

(三) 基准面

人体测量的基准面主要有矢状面、正中矢状平面、冠状面和水平面。它们是由互相垂直的三个轴(铅垂轴、纵轴和横轴)来定位的。人体测量中设定的轴线和基准面如图 2-2 所示。

(1) 矢状面:通过铅垂轴和纵轴的平面及其平行的所有平面都称为矢状面。对服装造型有用的矢状面是通过人体的突出部位的矢状面,也即通过乳头、肩胛、大腿、膝部、腰臀、腓腹位置的矢状面。

(2) 正中矢状面:在矢状面中,把通过人体正中线的矢状面称为正中矢状平面。正中矢状平面将人体分成左右对称的两个部分。

(3) 冠状面:通过垂直轴和横轴的平面及其平行的所有平面都称为冠状面,冠状面将人体分为前后两个部分。

(4) 水平面:与矢状面及冠状面同时垂直的所有平面都称为水平面。水平面将人体分为上下两个部分。

(四) 基准轴

基准轴即铅垂轴,又称为体轴。

二、人体测量的基本姿势

人体测量的主要姿势是直立姿势和坐姿。

(一) 直立姿势(简称立姿)

是指被测者挺胸直立,头部以眼耳平面定位,眼睛平视前方,肩部放松,上肢自然下垂,手伸直,手掌朝向体侧,手指轻贴大腿侧面,膝部自然伸直,左、右足后跟并拢,前端分开,两足大致成 45°夹角,体重均匀分布于两足。

为确保直立姿势正确,被测者应使足后跟、臀部和后背部与同一铅垂面相接触。

(二) 坐姿

是指被测者挺胸坐在被调节到腓骨头高度的平面上,头部以眼耳平面定位,眼睛平视前方,左右大腿大致平行,膝大致屈成直角,足平放地面上,手轻放在大腿上。

为确保坐姿正确,被测者的臀部、后背部亦应同时靠在同一铅垂面上。

三、人体测量的部位与方法

GB/T 16160—2008《服装用人体测量的部位与方法》列出了服装用人体测量的部位与方法。主要有水平尺寸、垂直尺寸和其他尺寸。

(一) 水平尺寸

(1) 头围:两耳上方水平测量的头部最大围长。

(2) 颈围:用软尺测量经第七颈椎点处的颈部水平围长。

(3) 颈根围:用软尺经第七颈椎点、颈根外侧点及颈窝点测量的颈根部围长。

(4) 肩长:被测者手臂自然下垂,测量从颈根外侧点至肩峰点的直线距离。

(5) 总肩宽:被测者手臂自然下垂,测量左右肩峰点之间的水平弧长。

(6) 背宽:左右肩峰点分别于左右腋窝点连线的中点的水平弧长。

(7) 胸围:被测者直立,正常呼吸,用软尺经肩胛骨、腋窝和乳头测量的最大水平围长。

(8) 两乳头点间宽(女):左右乳头之间的水平距离。

(9) 下胸围(女):紧贴着乳房下部的人体水平围长。

(10) 腰围:被测者直立,正常呼吸,腹部放松,胯骨上端与肋骨下缘之间自然腰际线的水平围长。

(11) 臀围:被测者直立,在臀部最丰满处测量的臀部水平围长。

(12) 上臂围:被测者直立,手臂自然下垂,在腋窝下部测量上臂最粗处的水平围长。

(13) 肘围:被测者直立,手臂弯曲约 90°,手伸直,手指朝前,测量的肘部围长。

(14) 腕围:被测者手臂自然下垂,测量的腕骨部位围长。

(二) 垂直尺寸

(1) 身高(婴儿除外):被测者直立,赤足,双脚并拢,用测高仪测量自头顶至地面的垂直距离。

(2) 躯干长:被测者直立,用测高仪测量自第七颈椎点至会阴点的垂直距离。

(3) 腰围高:被测者直立,用测高仪在体侧测量从腰际线至地面的垂直距离。

(4) 臀围高:被测者直立,用测高仪测量从大转子点至地面的垂直距离。

(5) 直裆:用人体测高仪测量自腰际线至会阴点的垂直距离。

(6) 背腰长:用软尺测量自第七颈椎点沿脊柱曲线至腰际线的曲线长度。

(7) 臂根围:被测者直立,手臂自然下垂,以肩峰点为起点,经前腋窝点和后腋窝点,再至起点的围长。

(8) 臂长:被测者右手握拳放在臀部,手臂弯曲成 90°,用软尺测量自肩峰点,经桡骨点(肘部)至尺骨茎突点(腕部)的长度。

(9) 大腿长:用软尺测量腿内侧自会阴点至胫骨点(膝部)的垂直距离。

(三) 其他尺寸

肩斜度:将角度计放在被测者肩线(肩峰点与颈根外侧点的连线)上测量的倾角值,以 ° 为单位。

任务三 常见人体测量仪器和方法

迄今为止,与服装相关的人体测量方法主要有传统的接触式人体测量(直接测量)和现代的三维人体测量(间接测量)。接触式人体测量方法繁琐而复杂,主要是人体各个基准点(骨骼点)之间距离的测量,测量的工具也相当的完备,常用的有直角规、弯角规、马丁测量仪、软尺等。

随着数字化技术的发展,计算机与媒体技术的融合已经普遍应用于计算机辅助设计中,同时也为人体测量的信息化进程奠定了基础。现在国内外使用的非接触式三维人体测量方式以信息技术为基础，运用计算机采集人体表面三维数据并予以分析，快速得到人体测量数据。

一、直接测量法

马丁测量仪一直以来是使用最多并世界通用的接触式测量仪器，适用于人体各肢体长度、宽度、围度等形态指标的测量。全套装置包括长马丁尺、中马丁尺、短马丁尺、直角规、弯角规、指间距尺、游标卡尺、量尺、卷尺等设备（图 2-3），可以测量人体高度方向、围度方向、宽度和厚度方向、体表长度、体表角度及测量人体与投影间距离等各种尺寸。它以人体的骨骼端点或关节点为计测点，基准线为水平截面进行测量。整套仪器用全镀镍金属制成，因而温差所引起的测量器具的误差小，测量精度高。

图 2-3 马丁测量仪

1. 长马丁尺

规格：130 cm。精度：±0.1 cm。用于测量下肢长等。

2. 中马丁尺

规格：90 cm。精度：±0.1 cm。用于测量上肢长、上臂长、前臂长和手长等。

3. 短马丁尺

规格：66 cm。精度：±0.1 cm。用于测量大腿长、小腿长和跟腱长等。

4. 直脚规

规格：60 cm。精度：±0.1 cm。用于测量肩宽、骨盆宽、胸宽和胸厚等。

5. 游标卡尺

规格：20 cm。精度：±0.1 mm。用于测量手宽、足宽、肱骨和股骨的远端宽等。

6. 围度尺

规格：150 cm。精度：±0.1 cm。用于测量胸围、腰围、臀围、上下肢体围度等。

7. 足长测量仪

规格：36 cm×16 cm×6 cm。精度：±0.1 cm。用于测量足长等。

8. 指间距尺

规格：最大测量长度 110 cm，加上加长杆后最大测量长度 220 cm。精度：±0.1 cm。测量臂伸，身长、指间距（臂展）等。

二、三维人体测量

三维人体扫描系统通过计算机对多台光学三维扫描仪进行联动控制快速扫描，再通过计算机软件实现自动拼接，获取的人体点云数据包含了人体各个部位的准确三维信息(整体精确达到 0.5 mm)。基于人体点云数据，可生成完整的人体网格模型，通过人体参数化数字处理软件可获得不同部位的准确人体参数尺寸。

相比于传统的接触式人体测量，三维人体扫描仪具有许多技术优点，如现场测量速度快、效率高、强度低、精度易控等。

(一) 三维人体测量技术的发展过程

服装业发达的国家从 20 世纪 70 年代起就着手研究非接触式三维人体测量技术。总体来讲非接触式三维人体扫描仪主要有全身扫描仪、头部扫描仪、手部扫描仪、足部扫描仪，测量方法主要有摄像法、扫描法和光栅法。

(二) 常见三维人体测量方法

现有的各类三维扫描系统具有不同的技术基础，如立体摄影、超声波和光(激光、白光和红外线)等，而且软件处理扫描数据的方法也不尽相同。此外，不同软件在提取与传统尺寸类同的尺寸数据时，其特征和性能也存在显著差异。

1. 摄像法

摄像法出现相对较早，经历了从二维到三维的过渡。二维摄像法是将人体运动的瞬间动作拍摄下来，对照片进行测量分析，这种方法受投影长度限制和相差影响，拍摄距离一般超过 10 m，故多按 1/10 缩尺拍摄轮廓。三维摄像法是当一个人站立不动时，电视摄影机摄录下投影于其身上的光线，人体体型由一系列横切面表达，用 16 点以平面方式拉曲线，重复 32 片平面，每片都与有关骨骼标记相关联，从而建立三维的表面模型，如图 2-4所示。国外较著名的三维摄像法为拉夫堡大学(Loughborough University)的研究成果。国内较成型的三维摄像法运用的是计算机视觉中的双目成像原理(模拟人的双目系统测景深)，利用 CCD 摄像机获得一个三维人体的二维图像，即实际空间坐标和摄像机像平面坐标系之间的二维图像，提取出能完整描述人体的特征参数，综合出人体特征线(纵向如侧缝线，横向如胸线，斜向如领围线)的三维坐标。

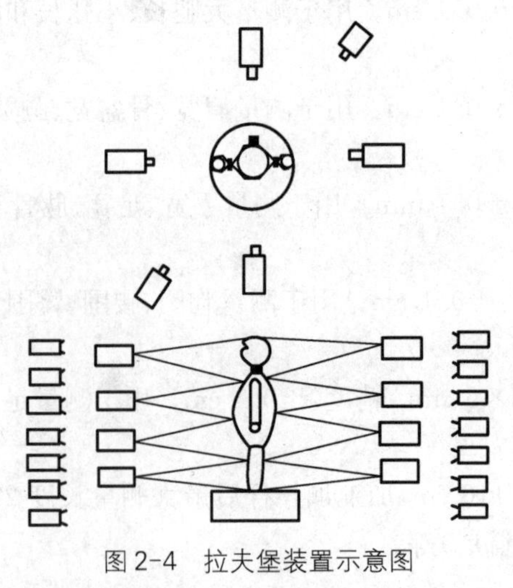

图 2-4　拉夫堡装置示意图

2. 扫描法

扫描法应用光学原理，介质主要分为激光和红外线。激光扫描指的是多个激光测距仪在不同方位接收激光在人体表面的反射光，根据受光位置、时间间隔、光轴角度计算出人体同一高度若干的坐标值，从而得到人体表面的全部数据。红外线扫描采用CCD摄像头先摄下人体外貌特征与人体着装轮廓，控制模臂自动从上向下间歇运动，传感头在横臂上往复运动，对人体进行全身扫描，计算机先处理CCD摄下的轮廓尺寸，得到尺寸框架模型，再处理传感头测得的热像数据，修正人体数据框架模型，完成人体测量，这种方法可避免受试者对激光的恐惧，直接得到净体尺寸，剔除了着装的影响(图2-5)。

图2-5　红外人体扫描仪

3. 光栅法

光栅法又分为莫尔法、分层法、相位法。莫尔法通过光学测量，应用光栅阴影和光栅形成莫尔条线等高线，得出体表的凹凸、断面形状、体型展开图等体型信息。分层法指的是用白光投射正弦曲线在物体上，在不规则的物体表面形成密栅影子变形，产生的图样可表述体表轮廓，用6部摄影机从不同角度进行检测，将影像合并，进而成为完整图像，从而完成测量工作。相位法根据光的振动形式又可以分为横波相位法和纵波相位法。横波相位法指的是每个偏移光栅预设距离相变方向上的传感器都获得4幅图像，每个传感器都投射同等数量位移的正弦模式光，通过使用捕获的4幅图像可决定每个像素点的相位，然后用相位计算三维数据点，从而得到全部数据。纵波相位法指的是基于干涉原理的相位测量技术，把光栅投影到人体表面，摄取人体前后投影光栅的相位变化，最终取得人体三维信息。

(三) 三维人体测量技术的基本方法

被试在扫描前需做好充分的准备，才能得到最佳的人体测量数据，包括标记解剖标记点、选择合适的扫描服、保持适当的扫描姿势。

1. 标记点

标记点宜放置在皮肤上，此类标记在显示图像上表现为一个点或其他可见的形式，且能被现有软件辨识。对于两个对称的标志点，两侧都要加以标记。以下是推荐标记点：肩峰点、髂前上棘点、颈椎点、会阴点、眉间点、髂嵴点、眶下点、外踝点、肋骨最下点、颏下点、胸中点、乳头点、枕后点、鼻梁点、桡骨茎突点、髌骨最上点、甲状软骨点、胫骨点、头顶点、耳屏点、尺骨茎突点、肩端点、肩胛骨下角点、枕后隆突点、肋骨最下点。

2. 扫描姿势

扫描姿势对于能否获取可靠数据非常重要。不同扫描系统之间，最优的扫描姿势有可能不一致，一但确定最优扫描姿势，宜对其进行细致的描述，并用于所有的被测者。在整个扫描过程中，让被测者保持这个姿势也很重要。根据确定的最优扫描姿势，可以用一个或多个辅助支撑设备。在所有的姿势中，被测者的呼吸都需保持平静(正常呼吸状态)。肩膀宜平直而不僵硬，肌肉不要紧张，以下描述几种姿势。

(1) 立姿(A)：身体挺直，头部以法兰克福平面定位。两脚平行站立，间隔 200 mm 左右。上臂外展，与身体成 20°角，前臂自然下垂，掌心向内，被测者保持正常呼吸状态，这个姿势可用于获取上下肢的围长。

(2) 立姿(B)：身体挺直，头部以法兰克福平面定位。脚后跟并拢，上肢自然下垂，并轻靠体侧，掌心向内，五指并拢，拇指自然外展，腹部放松，被测者保持正常呼吸状态。这个姿势可用于获取高度数据。

(3) 立姿(C)：站立姿势同 B，但一手臂水平前伸，掌心向内，另一手臂曲肘 90°，掌心向内。

(4) 坐姿(D)：躯干挺直，头部以法兰克福平面定位。两上臂自然下垂，并轻靠体侧，前臂与上臂呈 90°，掌心相对。脚自然下垂，大腿互相平行，与躯干呈 90°。

注：坐姿下，身体组织会受到压迫，因此立姿和坐姿的数据不具备可比性。

3. 测量项目的选择

为了能在国际兼容数据库中使用来自三维扫描仪的数据，尺寸定义应遵循 GB/T 5703—2010《用于技术设计的人体测量基础项目》的规定。并不是所有测量项目都适合从三维扫描图像中提取，尤其针对全身扫描仪而言，由于分辨率的问题，人体较小部分的测量准确度可能达不到要求(如手)。针对不同类型扫描仪，表 2-1 列出了相应的最佳测量项目。

表 2-1　可由全身扫描仪测量的项目

测量项目	测量姿势	测量项目	测量姿势
身高	B	肘高，坐姿	D
眼高	B	肩肘距	C
肩高	B	肘腕距	C
肘高	C	肩宽(两肩峰点宽)	A，B
前上棘点高，立姿	B	肩最大宽(两三角肌间)	A，B
会阴高	B	两肘间宽	D
胫骨点高	B	臀宽，坐姿	D
胸厚，立姿	A，B	小腿加足高	D
体厚，立姿	A，B	大腿厚	D
胸宽，立姿	A	膝高	D

（续表）

测量项目	测量姿势	测量项目	测量姿势
臀宽，立姿	A	腹厚，坐姿	D
坐高（上体挺直）	D	乳头点胸厚	B
眼高（坐姿）	D	臀-腹厚，坐姿	D
颈椎点高，坐姿	D	前臂-指尖距	C
肩高，坐姿	D	臀-膝距	D
颈围	A，B	腕围	A
胸围	A	大腿围	A
腰围	A	腿肚围	A

注：A，B，C，D 对应四种姿势。

模块三 心理量表评价技术

服装的认知首先涉及个体的意识体验(思维、情感),因此可以通过自我报告系统进行测量,这种方式由于其简易性而广泛应用于设计评价中。

自我报告系统主要通过两种途径进行心理反应的测量:一是基于心理学知识,采用数字量表的方式来获取心理状态信息;二是基于情感化设计知识,将量表进行形象化的视图开发,以便在一定程度上减轻抽象概念的文化和语言特异性影响。

任务一 心理学测量标尺

心理指标评价方法着重分析人的主观感觉,是对客观评价方法的补充及检验。人对服装和外部环境的感觉涉及所有相关的感官过程,并且已形成一系列的概念,为了了解心理过程,需要用主观方法测量这些感觉。主观测量是一个人观点的直接测量,由于没有物理仪器能直接地测量着装者的想法或感受,获得主观感觉的唯一方法是应用心理学标尺。

一、基本概念

心理学标尺是一种由指定“数字”对物体或事件特征进行测量的方法。在社会学及市场研究中,已广泛地使用心理学标尺来获得消费者的观点并研究其态度及偏好。这里的“数字”并不一定对应于物理工具(仪器)获得的客观测量值的真实数字,这些数字未必能进行加、减、乘、除,只是用作代表物体特征的符号。这些数字的本质含义取决于物体的本质特征及数字所代表的测量属性的具体选定原则。

Hollies 为心理学标尺总结出了六条基本要素:

(1) 常见及公认的需测量的感官属性。

(2) 描述属性的语言(术语)。

(3) 用来表示属性水平的评价标尺。

(4) 利用比例标尺进行属性的测量。

(5) 合适恰当的数据处理。

(6) 客观测量值与同一属性心理学标尺的比较。

二、主要类型

心理学标尺主要有四种类型,分别是类别标尺、顺序标尺、等距(区间)标尺及比例标尺(表 3-1)。从类别标尺到比例标尺,数字的规则变得更具约束性,同时增加了数字的计算操作性。

类别标尺由用于分类对象的数字组成。一个数字可作为一个类别的标签,例如:“0”为男性,“1”为女性。数字“1”不具有比数字“0”高或大的含义。类别标尺的规则是所有同一类的对象具有相同的数字,没有两类不同的对象具有相同的数字。类别数据中能实行的唯一算术操作是在每一分类内部的计数,类别数字之间不能进行加、减、乘、除。

顺序标尺由表示对象某一属性等级次序的数字组成。这种标尺没有相等单位,也没有绝对零,可以使用众数或中位数,但不可用平均值。因此,顺序标尺是一种比较粗糙的测量标尺。非参数统计可应用于分析顺序数据。

等距标尺由用于表示对象之间差距的数字组成。等距标尺有相等单位,可以测量对象之间的相对位置和两对象间的差异量值,但没有绝对零。所有的统计方法都可用于分析等距标尺数据。

比例标尺由用于测量对象之间差别和比例的数字组成。和上述标尺相比,既有绝对零又有相等单位,数字之间可以进行加、减、乘、除,是一种较理想的标尺。全范围的统计方法均可用于分析比例标尺数据。

表 3-1　心理学标尺类型

标尺	原则	用法	可应用的统计方法
类别	决定平等	分类、分级	运算、众数、百分数、卡方检验,二项式检验
顺序	决定平等、相对位置	等级	中位数、双向方差分析、秩序、相关性、其他非参数统计方法
等距	决定平等、相对位置、差异量值	指数、态度、测量知觉	平均差、标准差、全范围统计方法
比例	决定平等、相对位置、带有有意义零点的差异量值	销售、花费、许多客观测量	全范围统计方法

任务二　心理量表评价的基本方法

一、数量化自我报告

(一) 语义差异量表法

语义差异量表(Semantic Differential Scale)又称语义分化量表,是美国心理学家奥斯古德(Osgood)提出的一种用来测量事物或概念含义的量表,对观念、事物或人的感觉,通过所选择的两对反义形容词之间的区间来反映。

量表采用两极形容词对需要评价的对象进行情感描述,如华丽的/朴素的、现代的/

古典的、职业的/休闲的、优雅的/活泼的、光滑的/粗糙的等。每个维度通常使用数字或程度副词进行评级。通常情况下使用7点进行测量(如数字1,2,3,4,5,6,7或－3,－2,－1,0,1,2,3),但少数情况下也可以使用5点或3点。或将0记为“中立的”,1记为“轻微的”,2记为“很”,3记为“非常”。评级后的数据进行统计分析或描述性分析,得出形容词间的相关性或主成分,以便进行深入的探讨。

(二) 李克特量表法

李克特量表(Likert Scale)是由美国社会心理学家李克特(Likert)提出的一个典型的通过调查问卷的形式进行心理反应评价的量表,主要测量被试对于评价主体意见的认同程度,是调查研究中应用最广泛的量表。

该量表由一组陈述句组成,每一陈述有“非常不同意”“不同意”“不一定”“同意”“非常同意”五种回答,分别记为1,2,3,4,5,被试需要评估对于每项陈述的认同等级。被试态度的强弱或在这一量表上的不同状态由其回答所得分数的总和进行体现。

(三) GEW

GEW(Geneva Emotion Wheel)是由瑞士研究者克劳斯·谢勒(Klaus Scherer)提出的一种情绪评价工具。被试需要通过选择单独情绪或融合20种离散情绪的强度来表示自我情绪。这些离散的情绪通过环形安排,轴心被定义为两个对立的情绪,通过效价和支配度两个维度将情绪分为四部分:消极的/低支配、消极的/高支配、积极的/低支配、积极的/高支配(图3-1)。环状中的反应选项相当于每个情绪的强度等级,从低强度(环状中心)到高强度(环的圆周),并在环形中心提供“无情绪”和“其他情绪”反应选项。

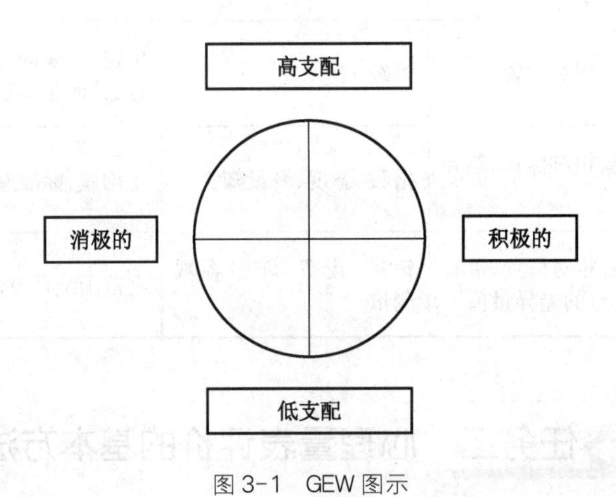

图3-1 GEW图示

(四) 小结

数量化自我报告简单易用,是情绪测量中普遍使用的方法,它可以清晰地提供人与服装之间的情感体验与交流。但同样也存在许多弊端,如:使用过程中需要研究者投入大量时间和精力设计量表,并且会输出大量的数据结果。由于涉及大量形容词和量表,而且无法避免被试在评价过程中个体认知的干预,因此可能会歪曲原始的情绪反应。此外,量表评价主要依赖语言系统,由于个体对于情绪理解存在差异,因此对其主观情感的描述难以精确,容易造成对语言理解的误差,可能导致评价结果偏离事实(可能是有意识也可能是无意识),在跨语言文化下及不具备复杂语言能力的人群(如儿童、失语症患者等)中,使用也比较困难。

二、图形化自我报告

图形化量表与数量化量表有许多相同之处,不同的是图形化量表采用可视化的卡通图像来代表不同情绪或情绪状态,主要有 PrEmo 工具和 SAM 自我评价模型,这两种方法都使用效价(愉悦度)和唤醒度来描述自我情绪反应。

(一) PrEmo 工具

PrEmo 工具(Product Emotion Measurement instrument)由 14 种情绪组成:7 种愉快的情绪(如渴望、愉悦、羡慕、满意、着迷等);7 种不愉快的情绪(如愤怒、厌恶、不满、失望、厌烦等)。每个情绪用形象的卡通人物代替文字描述,在计算机界面上呈现,左下角是刺激图像,被试可以通过选择与自身情感一致的动画形象,在量表上通过评级来描述自身情绪的程度(图 3-2)。

图 3-2 PrEmo 界面

(二) SAM 自我评价模型

SAM 自我评价模型(Self-assessment Manikin)是佛罗里达大学情绪和注意研究中心布兰德利和朗格(Bradley 和 Lang)设计的一种测量顾客情绪反应的情绪自我评价等级系统,以 Mehrabian 和 Russel 的情绪 PAD 维度模型(愉悦度、唤醒度、支配度)为基础。SAM 通过卡通人物的抽象绘图形式阐明愉悦度、唤醒度、支配度三个维度(图 3-3)。其中,微笑的图像到皱眉图像代表愉悦度;从兴奋的、睁大眼睛的图像到放松的、欲睡的图像表示唤醒度;支配度通过 SAM 尺寸的大小表示控制方面的改变(大的图像表示对现状最大限度的控制),被试需要表明哪个人物形象更能代表他们的情绪状态。SAM 最初采用人与计算机程序交互的方式进行评价的版本,后来扩展到纸笔版本(Pen-and-Paper)以便于群组和群集筛选。

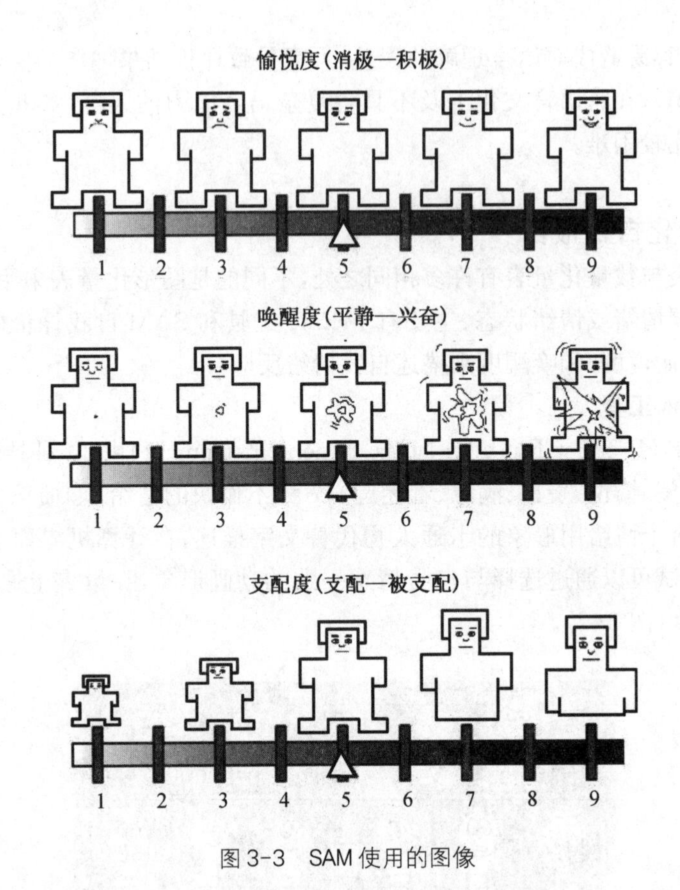

图 3-3 SAM 使用的图像

(三) 小结

图形化自我报告使用图形字符的视觉导向量表，通过图像呈现的形式，在认知过程和语言传递到大脑之前就进行情感体验的处理。此外，图形化自我报告不需要文字基础，并且可以跨语言载体、文化环境以及供儿童使用。

任务三 心理量表在服装中的运用

数量化自我报告和图形化自我报告的评价方法本质上都是一种变相的调查问卷，被试可以将自我的情绪通过一个给定的等级进行评估或描述。服装情绪心理认知层面的评价以基本情绪理论和心理学知识为主要理论依据，以传统心理学常用的访谈或调查问卷的形式获取、分析数据为主要研究手段，侧重离散的情绪分类观点层面，通过自我对服装感觉信息的表述来侦测个体的情绪，主要应用在服装款式风格的界定、设计元素的运用上。采用较多的方式是：通过设计语义差异量表和李克特量表等主要形式，借助几对两极形容词对需要评价的服装进行描述（如华丽的/朴素的、现代的/古典的、职业的/休闲的、优雅的/活泼的、光滑的/粗糙的等），使用数字（1、2、3 等）或程度副词（一般、很、非常等）对形容词进行等级评定，将评级后的输出数据运用 SAS、SPSS 等软件进行统计分析或描述性分析（如因子分析、回归分析、数量化理论Ⅰ型、Ⅱ型、Ⅲ

型和Ⅳ型等），得出形容词间的相关性或主成分，以得到服装感性评价模糊集，将设计要素与消费者的感性心理之间的相关性进行研究。或在此基础上再结合计算机技术、人工智能技术，将知识管理、数据存放、服装推荐与交互、客户知识获取等功能结合起来。

基于情绪维度理论和情感化设计理论，以图形化的自我报告进行情绪评价方面的研究，在广告、产品设计等领域已比较完善，更加侧重情绪维度分类观点层面。如：SAM 自我评价模型被 Morris 等用于广告研究，并且认为 SAM 在行为测量（如购买意图）中可以直接显示情绪反应。PrEmo 工具最初被应用于汽车设计中，但是在服装情绪的评价方面的研究成果尚未发现。

基于上述对数字化量表和图形化量表的总结来看，两种方法都存在一定的可用性和局限性。数字化量表的形式在许多情况下可以较好地体现出被试的情感体验，但是由于原始分析数据的获得须经由被试主观描述的途径间接获得，就要求被试与主试之间对情绪的理解和描述能够精确匹配，即要求双方必须通过文化层面的载体交流准确理解对方的心理，否则将带来主观性误差。在实际研究过程中，由于主试、被试间，不同被试间的文化背景、教育水平、生活习俗等差异的存在，虽然可以在研究的各个环节运用不同的技术手段尽量减少主观性误差的影响，但是当前述差异很大的时候，相关心理研究工作可能严重受限，甚至没有办法进行。相较于数字化量表而言，图形化量表不需要收集形容词，设置情绪类别，而是通过形象化的图形形式对情绪进行表征，形式较为直接，因此更适用于低阶情绪（指情绪自动发生，不经过认知加工）的测量。

服装外部设计主要负责提供服装给人的第一印象，不涉及深层次的情绪认知加工，因此就消费者对服装外部设计的情感体验而言，较适宜的方式是采用图形化量表进行低阶情绪的定量分析。这种情绪获取方法可以节省主试设计量表的时间和精力，也可以减少信息在传递过程中产生的误差，保证结果的准确性，此外，大样本情况下的后期数据分析也较为方便。由于情绪维度中的 PAD（愉悦度、唤醒度和支配度）模型对于在情感空间中定位情绪体验较其他维度模型更有效、更适用，可以将具体的、基本的情绪用抽象的维度关系进行描述以获取更多的信息，具备功能性（可以迅速确定给定刺激的反应）、适用性（可以准确反映被试反应的全部范围）和有用性（可以测量难以进行语言交互的不同文化背景群体的情感反应）等特性，因此相对于 PrEmo 而言，SAM 量表要求被试从情绪的三个维度层面对服装进行评定，在观测维度之间（如愉悦程度与唤醒程度或购买欲望之间）的交互关系方面更为有效。

图形化量表用于服装情感的评定可以参考广告、产品等设计领域的研究实例，为进一步验证图形化量表的可行性，著者已将 SAM 量表应用于款式诱发情绪的评定，结果显示，SAM 可以快速直接地表征被试的情绪，但是由于情绪评价的主要目的是将设计样本进行情感分类并观察三个维度之间的相互关系，需要对所有样本进行反复比较和细致的评测，明确区分三个维度的异同关系。因此，为保证情感分类评价的准确性，需要在实验前对被试详细讲解三个维度的定义，因此具有专业背景的被试的结果的准确性更有保障。

模块四　服装压力测试技术

任务一　服装压力的概念及其影响因素

本章得到河南工程学院博士基金资助项目(D2014042)支持。

一、服装压力的概念

服装压力指的是人体穿着服装后来自服装的压力。1968 年，亚伯拉罕(Ibrahim)等以保型性服装作为研究对象，服装面料选择了具有双向拉伸性能的织物，在测试面料物理力学性能的同时，首次通过压力传感器测量获得了保型性服装对人体产生的静态及动态服装压力的大小和分布规律，并首次提出了服装压力的概念。根据服装压力产生的来源可以分为三类。第一个是服装自身重量产生的压力，这种压力叫重量压，是最简单的一种服装压力，例如西装的肩部，穿着者站立时肩部承担所穿服装的大部分重量，冬季服装由于厚重产生的重量压压迫约束到人体，易使穿着者产生不舒适的感觉，特殊的极地服装质量甚至能达到 10 kg，严重限制了人体的自由活动。因为重力方向总是竖直向下，所以由重量产生的服装压力大多是纵向作用于人体。这种由重量产生的服装压力除了在秋、冬季服装和极地用服装中明显外，在老龄人服装和婴幼儿服装中也尤其明显。第二个是由于与人体接触部位的服装围度放松量过小或者是外系绳带、内装弹性带导致服装材料的变形而产生的拉伸张力作用于人体型成束缚所产生的压力，这种压力叫集束压(束缚压)。束缚压主要为整体压，其特点是在服装包缚下的所有部位均受到服装的压力，由束缚产生的压力大多是横向作用于人体。其中，日本和服的腰带、西欧的紧身胸衣以及现代的紧身衣裤等都是产生这种服装压力的典型代表。第三个是人体运动时，皮肤拉伸收缩变形，服装材料跟随人体皮肤而产生相应的拉伸形变，与皮肤变形之间形成动态滑移与摩擦接触、应变所产生的包括拉伸、压缩、剪切和弯曲等内应力与动态接触的摩擦力，共同作用于人体皮肤而产生的服装压力，这种压力叫运动压，运动压主要为局部压，即由于动作变化而导致的服装对人体局部的压力，作用方向因人体部位及运动状态的不同而有很大的差异。例如弯腰时，人体臀部凸出造成皮肤拉伸曲率变大，臀部皮肤所受到的服装压力就是运动压。人体穿着服装后，人体某部位的服装压力是以上一个力或者几个力共同作用的结果。目前的研究表明，相对于服装的重量压、运动压，服装的束缚压更容易被受试者感知，因此，主观服装压感舒适性评价中的服装压感舒适性级数、服装压迫感多为服装的束缚压。大多数紧身服装的服装压力主要是束缚压与运动压的结合，受重量压的影响不太大。迄今为止，服装压力的理论研究经历了三个重要的阶段。第一阶段，牛顿第三定律和库仑(Coulomb)摩擦定律被认为是服装与人体之间产生力学作用的主要理论基础，在这个阶段，人体被视作刚性体或者结构简单的弹性体，研究范围只涉及人体与服装的总接触力和总摩擦力。第二阶段，赫兹接触定律在服装压力研究中得到了广泛应用。该阶段假定人体与服装的接触部位是具有小变形的弹性半间距体，并且接触面积的很小，近似为椭圆形，并忽略接触边界的摩擦作用，基于这个理论，学者们可以研究人体与服装在静态接触过程中人体局部位置的压力分布规律。数字化估算则是服装压力研究的第三个阶段。

二、影响服装压力的因素

（一）服装对服装压力大小的影响

服装对压力大小的影响主要包括服装材料、服装款式结构以及服装尺寸等几个方面。人们穿着紧身服装时，在服装压力的作用下会产生变形，服装压力的大小和分布主要与服装材料的劲度系数、服装尺寸、服装款式、人体的复杂结构以及人体各部位的弹性模量等有关。哈夫纳（Hafner）等研究发现，由于人体的姿势和动作改变而引起的服装压力的变化与服装材料本身的性能有关。其中，服装面料的拉伸性能是影响服装压力大小的重要因素之一，它主要取决于服装材料的弹性回复性能、弹性模量、剪切模量、摩擦性能以及应力松弛性能等物理特性。服装面料的拉伸弹性与服装压力之间的关系可通过拉普拉斯定律表述为：

$$P=\frac{T}{R} \tag{4-1}$$

式中：P——服装压力；

R——人体曲率半径；

T——服装面料的拉伸力。

拉普拉斯定律起源于薄膜渗透平衡理论，该定律早期并没有被广泛地应用于服装与人体接触面间的压力运算与估计。陈（Cheng）等是最早将拉普拉斯定律应用于解释服装与人体之间产生压力作用的学者。当织物的拉伸性能较差，同时织物与人体接触时的摩擦阻力又较大时，服装面料为了适应人体的姿势变化而产生的滑移将受到阻碍，从而使人体感受到较大的着装压力。也就是说，在服装款式与服装尺寸相同的情况下，越难伸长以及摩擦阻力越大的服装面料对人体产生的服装压力越大。除服装面料的拉伸性能外，服装面料的蠕变性能也会对服装压力产生一定的影响。

在服装面料拉伸弹性相同的情况下，服装款式结构是影响服装压力大小的另一个重要因素。当服装面料相同时，尺寸规格较小的服装对人体产生的服装压力要大于尺寸规格较大的服装，越贴体的服装对人体产生的服装压力越大，这与服装宽裕率的大小有关，如紧身衣、束带等对人体产生的服装压力作用明显大于同等号型的其他类型服装。服装宽裕率是指当人体处于正常站立状态时，服装覆盖部分的人体体积与整个服装所能包含的空间体积的差值。将服装宽裕率与服装面料的物理性能综合考虑，能够较为客观的预测服装的压感舒适性。在通常情况下，紧身服装由弹性服装面料制成，并且其围度尺寸会小于人体相应部位的围度尺寸，因此，穿着后会对人体产生压力。着装后服装对人体的覆盖面积也是影响压感舒适性的重要因素。以内衣为例，宽肩带的内衣对肩部的覆盖面积较大，比窄肩带的内衣更能分散肩带对肩部的压力作用。相对于短款的内衣而言，长款的内衣大面积包裹腰、腹等部位，从而使人体产生较强的重量感。

（二）人体对服装压力大小的影响

服装覆盖于人体上，会受到人体表面形态的影响，因此，服装穿着于人体后产生的服装压力大小与人体因素有着非常密切的关系。

首先，人体各部位的形状不同导致其形态、曲率以及皮肤和软组织的弹性模量都会对服装压力的大小和分布产生很大的影响。登顿(Denton)指出，在相同的束缚条件下，人体受到的压力会随着体表曲率的增加而增大。例如：妇女身体两侧的曲率大约是前部曲率的$\sqrt{3}$倍，所以女性腰部两侧的压力约为腰前部压力的$\sqrt{3}$倍。此外，压力敏感度与人体各部位围度尺寸成反比例关系。服装压力与曲率半径之间的反比例关系可通过柯克(Kirk)方程表示为：

$$P = K\frac{T}{r} + C \tag{4-2}$$

式中：P——服装压力；

T——织物在变形过程中的拉伸应力；

r——人体待测部位的曲率半径；

K——常数；

C——常数。

根据丹羽雅子的研究指出，人体腰臀部各点的曲率有较大的不同，如图 4-1 所示，这给服装压力的理论计算提供了一定的依据。

其次，人体各部位的骨骼形状及大小各不相同，肌肉厚度、压缩度和弹性模量也各不相同，而肌肉性能、形态以及人体各部位的脂肪厚度等都会对服装压力的大小产生一定的影响。研究表明人体各部位能够承受的服装压力也各不相同。就服装压力测量值来看，骨骼处的服装压力值较为稳定，肌肉部位的服装压力值易变化，神经末梢分布广，客观压力值和主观压力感受的相关性则更高，脂肪厚的部位服装压力值易变并且舒适压力值较大。关于女性下体的脂肪分布如图 4-2 所示。

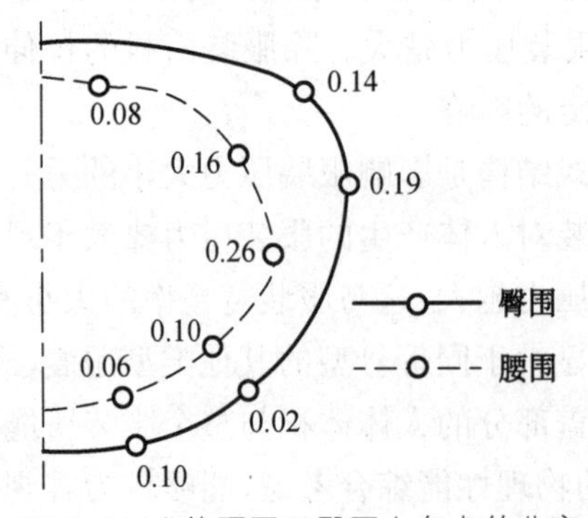

图 4-1　人体腰围及臀围上各点的曲率

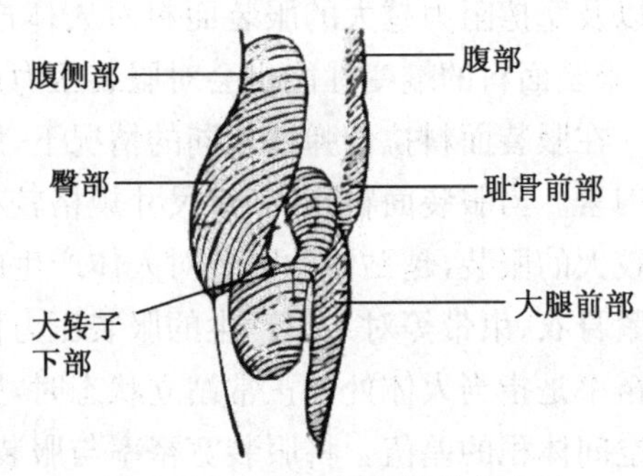

图 4-2　女体下体的脂肪分布图

通过医学研究可知，人体脂肪较易沉积的部位依次为女性的腰部两侧、臀部下围、髋骨两侧、上下腹部、胸部下侧和外侧，以及大腿内外侧，绝大多数集中在人体的下半身。因此根据脂肪的流动特性，于人体脂肪易堆积的部位施加服装压力推动其定向移动来达到服装的美体作用。因为人体不同部位的脂肪含量不同，人体对服装压力的感受也不同，可承受的服装压力也不同。一般来说，皮下脂肪厚的部位可承受的服装压力较大，例如人体臀部有较厚的脂肪垫作用，可承受人体坐姿时的大部分重量压。

人体不同部位的形态各不相同，对于皮下软组织层较厚并且柔软的部位，在服装压力作用下更容易产生移位和变形，因此对服装压力的敏感程度较低；相反，在人体骨骼和肌腱组织所在的位置，由于脂肪层较薄，在受压过程中缺少脂肪的缓冲，因此服装压力较大，压感较为显著。此外，人体的皮肤与软组织的状态也不是一成不变的，会随着年龄的变化而发生改变。

同时，服装压力的大小还受到人体运动的状态、姿势以及人体呼吸等因素的影响。

人体的运动状态变化会导致相应的器官变化、关节肌肉变形、皮肤拉伸变化等，进而引起人体体表曲率的变化，因此局部服装压力相应发生变化。例如人体屈膝时，膝盖部位所受的服装压力变大。人体不同部位的皮肤拉伸变形率不同，导致不同运动状态时的服装压力也不同，例如弯腰时臀部皮肤纵向拉伸变形率可达 34%，臀部服装压力变大，而弯腰时腹部器官收缩，皮肤产生相应的收缩变形，导致此处的服装压力变小。

人体运动时，首先皮肤被拉伸产生变形，随后衣料发生拉伸变形附和跟随于皮肤的变形，对人体表现出的随和与包容性，被称为服装对人体运动的适应性。人体运动受到服装的束缚时必会产生对服装的阻力而做相反的功，使得无效功增多，引起人体疲劳等不舒适的感觉，这种情况即为服装的运动功能性不好。因此，人体皮肤的拉伸变形是研究面料弹性变形与动态服装压力变化的基础，是使服装具有运动功能性及舒适性设计的首要考虑因素。

人体运动产生的皮肤变形研究可以追溯到 20 世纪 60 年代，早在 1966 年，柯克(Kirk)等人就测量了不同运动状态下人体皮肤的延伸率，这为计算压力与皮肤延伸率两者之间的关系提供了理论基础。

一些专家学者们对人体各种动作所形成的身体表面伸长率进行了研究，通过测量人体静止和运动、由站到坐、抬胳膊和弯腰等动作引起的膝、臀等部位的皮肤变形，记录了大量的试验数据，并报道了一系列人体皮肤随运动产生的皮肤伸长率。人体随运动产生的皮肤伸长率如图 4-3 所示。

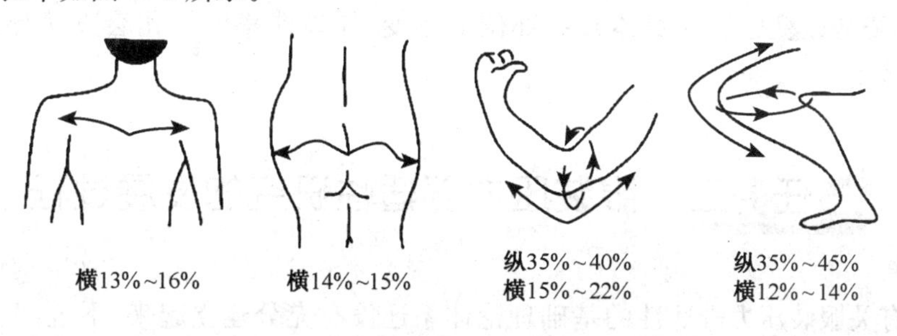

图 4-3　人体随运动产生的皮肤伸长率

从图 4-3 可以看出，人体各部位最大的皮肤伸长率：肩部 13%～16%，肘部15%～40%，臀部 14%～15%，膝部 12%～45%。这些人体各部位皮肤伸长数据给出了服装弹性所必需的定量描绘，但是当这些数据应用于有较大弹性的服装时，有一定的局限性，比较难以利用。

20 世纪 80 年代，在奥地利召开的第 19 次国际化纤会议上，一些专家学者们公布了更为详细的基本动作形成的人体皮肤表面伸长率，用来作为弹性衣料设计的依据。

另外，也有研究指出随着年龄的变化，人体皮肤所受的拉伸应力与伸长率也会产生相应的变化。罗斯曼(Rothmen)通过研究指出，人体在 0～3 岁时皮肤伸长率能够达到 40%，随着年龄的增长，拉伸应力增大，伸长率减少，基本上成年人的皮肤伸长率在 30%左右。而人体弯曲部位如肘部、膝部等处的皮肤伸长率则远大于上述皮肤的实际伸长率。人体的皮肤拉伸应力与伸长率之间的关系如图 4-4 所示。

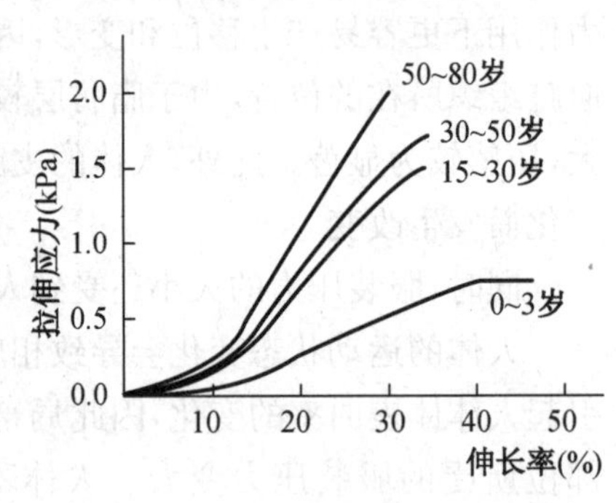

图 4-4 人体皮肤拉伸应力与伸长率之间的关系

正常情况下，当人体运动时，不会感受到皮肤的抗拉阻力。但是当人体的皮肤经过大手术缝合后，如果再遇到大幅度运动导致的皮肤大变形时，则会感受到变形阻力。从人体的皮肤拉伸应力与伸长率之间的关系可以看出，在某种延伸率以下时，抗拉强度为零。

上述数据为由弹性衣料制作的紧身服装的设计提供了极为重要的参考资料，用人体皮肤的伸长率表示不同的动作，同时考虑各种动作的组合，并将人体皮肤的伸长率变化运用到实际的弹性紧身服装的尺寸设计中，为根据姿势动作变化而选用不同弹性面料的紧身服装的设计提供了数据参考。

2005 年西安工程大学的周捷等以西北地区 18～22 岁的健康成年女性作为受试者，测量了在 5 种不同动作状态下前胸、后背以及体侧的表面皮肤拉伸的相关数据，并分析计算出不同动作状态下前胸、后背以及体侧的人体表面皮肤的变形率，得出普通型文胸在不同部位的材料弹性要求。平井(Hirai)等通过研究也指出，人的姿势会对皮肤的受压情况产生影响。登顿(Denton)等从人体自身角度分析了影响服装压力大小的人体体型方面的因素，主要包括人体曲率、弹性模量、软组织结构、脂肪含量和运动幅度等。天野(Amano)指出，当人着装后处于静止状态时，由于呼吸作用的影响，服装压在 0.2～0.4 Hz内可达到峰值。人体着装后的运动状态和姿势改变对服装压力影响较大，动作和姿势改变会引起身体某些部位的形变，体表曲率的变化会直接导致局部受压状态的改变。

任务二 服装压力舒适性研究的发展过程

尽管有关服装压力舒适性的基础理论体系还没有充分建立起来，不过，关于服装舒适性的相关研究很早就有学者着手，始于 20 世纪三四十年代，迄今为止已有相当多的研究报道。服装舒适性研究主要包括热湿舒适性、触觉舒适性和压力舒适性。早期,关于服装舒适性的研究多是热湿舒适性方面的,并已取得突破性成果,其中最重要的是保温值(克罗值，clo)概念的提出,目前保温值已被广泛应用于军服的热湿舒适性的分类与设计。武德科克(Woodcock)于1962年就提出了服装透湿指数的概念,并将其作为热条件下衡量服装舒适与否的评价指标。保温值和透湿指数两大指标的提出为服装舒适性领域的形成和发展奠定了基础。随着研究的深入,学者们发现服装压力同样是评价服装舒适性的重要指标。服装压力舒适性是指人穿着服装后,来自服装本身的物理机械信号作用并刺激人的皮肤,该刺激信号从皮肤中的神经末梢传递给人的神经系统末梢。此时,刺激信号被转换成人的神经系统可以识别的神经信号,再经神经末梢传递给大脑。然后,人的大脑根据心理与生理过程对刺激信号形成感觉,进而穿着者对所穿着的服装造成的物理机械刺激生成一个综合的主观压力舒适感觉评判。人体的不同部位对压力舒适范围的要求是不同的,因此,服装压力舒适性是相当复杂的,它涉及多个方面的内容,受到物理、心理和生理等方面因素的影响。许多研究发现,服装对人体造成的服装压力与压力舒适性之间具有很高的相关性。人体着装后,身体所承受的服装压力能够直接影响人的穿着舒适性,特别是一些贴身穿的紧身衣、泳衣、内衣等,它们的压力舒适性显著影响服装整体舒适性。

纵观国内外关于服装压力的研究,早期的服装压力舒适性研究了追溯自20世纪三四十年代。随着20世纪90年代莱卡(Lycra)纤维的问世,各种弹性织物广泛出现,服装压力舒适性研究成为一个热门研究领域。弹性服装由于便于运动并能给人体带来形体的自然美感与生理、心理上的满足,受到人们的青睐并取得迅猛发展,从而使压力舒适性的问题浮出水面,日益受到人们的广泛关注。

关于服装压力舒适性的研究主要集中在服装压定义,皮肤压产生机制,皮肤感知生理学,服装压主、客观评价及两者之间的关系,服装压力舒适阈值确定,服装压力影响因素分析,服装压力分布,服装压力对人体生理参数的影响,生物力学模型建立等方面。至今已有相当数量的报道。

一、关于服装压定义、皮肤压产生机制、皮肤感知生理学的研究

早期服装压力舒适性的研究,主要指20世纪六七十年代关于服装压力舒适性的研究。这一阶段主要是国外的一些专家学者在进行研究,主要是关于服装压定义、皮肤压产生机制、皮肤感知生理学等方面的研究,研究的主要内容集中于两个方面:一个方面是定量记述压力物理量;另一个方面是按压力测量刺激的变化及由之唤起的感觉的生理学量度,即皮肤感觉的最低阈值。

早在1966年柯克(Kirk)等就提出了一种能够测量运动状态下的人体皮肤延伸率的方法,该方法在后期的研究中被作为计算皮肤延伸与压力之间关系的重要参考。亚伯拉罕(Ibrahim)在1968年研究了一种保型性服装的力学性能,这种服装由具有双向拉伸性能的织物制作而成,并给出了人体在行走时的震颤情况及服装穿在人体上的外型轮廓,第一次提出了服装压的概念及其测试方法。1972年,登顿(Denton)从运动和生理学角度考虑,研究发现在静止状态下,女子冬季服装的理想服装压力为1.176 kPa,春季服装的理

想服装压力为1.274 kPa，夏季服装的理想服装压力为1.372 kPa。男性服装的服装压力舒适范围在2～4 kPa（人体血压作为参照的压迫舒适值的范围），比女性服装的服装压力舒适范围高出20%。登顿(Denton)还指出服装压力的舒适范围在1.96～3.92 kPa，当服装压力超过这个范围时会使人感到不舒适，不舒适的程度根据穿着者及身体部位不同而异。不舒适服装压力的临界值为5.88～9.81 kPa，这个范围与人体皮肤表面毛细血管的血压平均值7.85 kPa较为接近，当服装压力超过此值时，血液流动就变得非常困难，从而导致血液流动受阻，严重者甚至停止流动。最终血液被迫流向穿着者腿部较低的部位，从而造成下肢肿胀。瓦里罗（Verillo）于1975年指出在理想状态下，人体产生小于0.001 mm的位移就能有效地产生压力感觉。

二、关于服装压主、客观评价及其舒适阈值确定的研究

服装主观压感评价、客观穿着压力测量以及两者之间关系的研究和服装压力舒适阈值确定的研究在国外主要集中在20世纪八九十年代，这一阶段，大多数研究学者都是通过人体穿着实验，客观上对服装在人体的不同部位产生的服装压力进行测量，主观上通过受试者基于自身的穿着压感舒适性，评价穿着时舒适与否的程度，通过对实验数据的分析处理，得出不同服装的压力舒适值。国外，尤其是日本的一些高校和研究机构，在该领域的研究成果比较突出。在国内，关于这方面的研究则主要发生在近些年。

为了估计出人体感受的不舒适压力值的最低限度，并且对这种不舒适的程度进行判断，1974年劳伦斯(Lawrence)采用一种弹性材料制作的带子作为研究对象。他将该带子围在人体的某一部位，并进行拉伸。通过实验发现，如果压力使受试者在开始时感觉到稍微不舒适，过一段时间后会感觉舒适一些。但如果受试者在开始时就感觉到非常不舒适，随着时间的推移，则会觉得无法忍受。实验表明不舒适的临界压大概是6.86 kPa，这比较接近于人体皮肤表面的毛细血管的血压平均值7.85 kPa。

1991年真壁(Makabe)等对长筒袜所造成的压力进行了研究，她测量了日本妇女穿着长筒袜时的客观压力值和主观压力感受，通过对实验数据的分析发现，要想设计出松紧合适、穿着舒适的长筒袜：在袜子长度方面，要保证长度能够盖住小腿的上部；在线迹和式样的设计方面，要保证脚踝处的线迹和式样跟得上腿部的活动；在压力方面，要保证人体息站立时，长筒袜在小腿部的压力应在666.5～1.33 kPa。

1993年真壁Makabe等又以不同设计、材料和结构的束裤为研究对象，选择合适的受试者进行穿着实验，记录了受试者穿着紧身束裤时对不同服装压力的感觉反映，并测量了受试者穿着紧身束裤时腰部的服装压力值，通过研究发现，腰部的服装压力是服装覆盖面积、人体呼吸和服装随身体运动能力的函数，通过对压感舒适性主、客观实验数据的处理发现，受试者对腰部不同压力的感知情况为：当腰部的服装压力在0～1.47 kPa时，人体无不舒适的感觉；当腰部的服装压力在1.47～2.46 kPa时，人体有轻微的不舒服感觉；当腰部的服装压力超过2.46 kPa时，人体感觉极不舒服。

1998年韦德(Toyonori)等采用弹力光纤压力测试系统测试了男袜的压力，并用主观评价法对男袜的压力舒适性进行评价，通过对实验数据的处理，分析了受试者穿着男袜时的主观压力感受和客观压力值之间的关系。

1998 年雅马纳(Yamana)等以轻型、适中型和重型的束裤为研究对象,通过穿着实验发现,穿着轻型、适中型和重型束裤的服装压感舒适性是非常不一样的。轻型束裤没有很好的塑型效果,但服装的压感舒适性更好,受到女学生的青睐。在主观压感舒适性评价中,采用心理学标尺法描述受试者穿着束裤后的心理反应线,将束裤的主要相关功能分为运动机能和外观机能,其中,当穿着运动机能良好的束裤时,穿着者的下肢运动更加方便,穿衣难易程度优良,触及皮肤感更好;当穿着外观机能良好的束裤时,穿着者的腰围线、腹部和大腿部都感觉更加紧身,另外,臀部的形状更好,更有华丽感。

2003 年陈(Chan)等以紧身短裤为研究对象,通过研究发现主观紧度感评级与所测量的服装压力二者之间的关系在人体的腹部相关性最弱,而在人体的腰部相关性最强。人体的主观紧度感评级可能还受到其他因素的影响,例如:脂肪、肌肉弹性和骨骼结构等,该研究也指出人体不同的骨骼与肌肉部位具有不同的压力感觉值,同时指出人体下体的几个不同部位的最大服装压力舒适值。

敏幸(Toshiyuki)等以男短袜为研究对象,挑选了 32 名日本男性作为受试者,进行男短袜袜口压力的研究。在 32 名受试者中,其中,20～30 岁的 8 人,30～40 岁的 7 人,40～50 岁的 9 人,50～60 岁的 7 人,60 岁以上的 1 人。该研究要求受试者穿着实验用的短袜静坐在椅子上,分别对每个受试者着装后的袜口、袜口向下 1 cm、脚后跟、脚底和脚踝等 5 个部位的压感舒适性进行主观评价,主观评价量表共分为 7 个等级,并客观测量了男短袜作用于受试者这 5 个部位的客观压力值,通过主客观测试相结合的研究方法,分别得出了 5 个部位的服装压力舒适阈值。

2000 年由芳等设计了一组不同尺寸、不同弹性性能的紧身长裤,并进行了穿着实验。该研究采用服装宽裕量作为描述服装适身程度的指标,采用织物的弹性模量作为反映服装材料弹性性能的指标,在进行服装压感主观评价的同时,也测量了受试者的客观服装压力、服装材料的拉伸变形以及服装的宽裕量,将每位穿着者在静立状态下的主观压力评价值与对应的服装宽裕量、织物的弹性模量进行线性回归,通过对实验数据的分析发现,由服装的宽裕量和织物的弹性模量可以比较好地预测穿着者的主观压力感。由线性回归得到的方程式可以看出,如果要使得服装的穿着压感保持在一定的范围内,必须使服装具备尺寸上的宽裕率,或具备服装材料的弹性,或两者兼而有之。服装的宽裕量和织物的弹性模量互为补充,可满足穿着过程中的压力舒适感。在皮肤处于小变形的情况下,且服装的款式相同时,以宽裕量作为服装适体程度的指标,弹性模量作为织物弹性性能的指标,可以较好地预测穿着者的主观压力舒适感。

考虑到体育防护用品的运动功能性及穿着舒适性在很大程度上与服装压的作用情况有关,2001 年,王小兵等以常见的四种体育用品(护膝、护腿、护腰、护臂)为研究对象,分别进行实验:对皮肤压力感受特性的实验,挑选 3 名年龄20～25 岁的人员作为被试人员(其中女性 1 名),在同一大气条件下(温度 22～25℃,相对湿度 60%～65%),分别用袖套式压力计在前臂上施加压力,在静坐状态下测试其主观感觉情况。对人体皮肤在不同的触压强度、作用时间和运动状态下,对人体受压感受特性的影响也进行了测试。选择 2 名年龄在 20～24 岁的男青年作为被试人员,实验在实验室条件下(温度 23～24℃,相对湿度 65%～70%)进行,测试部位选择前臂和小腿,通过对前臂、小腿施加不同的压力(采用自制袖套、腿套），让被试者在静坐和从事运动的不同时间内填写对压力的感觉和舒适感觉。另外，选择2名被试男性，20～24岁，穿着不同种类规格的护膝、护腿、护腰及护臂，在静坐（15 min、30 min）、一般运动（正常穿着24 h）、剧烈运动（15 min）三种状态下，用心理量表测量方法，主观评价各种体育防护用品的穿着感觉。同时，用自制服装压测试仪测出各体育防护用品对人体的压力。通过对实验数据进行分析，得出结论：①服装压力值与人体感受到的主观压感舒适性呈线性相关，当人体皮肤承受的服装压力增大时，主观压力感觉强度也呈线性增加；②人体主观压力舒适感觉与服装压力作用的时间、人体运动的状态、人体着装的方式以及人们社会心理因素等相关；③人们对服装压力舒适感的满足（对一定运动量）仅发生在某一特定的服装压力区间，其变化规律类似一倒置的抛物线；④人体在通常状态下，前臂、腰部以及小腿部位所需的服装压力舒适范围较小，大约为0.49～2.6 kPa，但在剧烈运动状态下，人体各部位所需的服装压力舒适范围较大，一般在1.96 kPa左右；⑤人体各部位具有不同的服装压力舒适范围以及最大可承受的服装压力极限，因此，施加于人体的服装压力大小将直接影响体育防护用品的运动功能性与穿着舒适性。

2002年，陈东生教授等从人体工学的角度出发，为了追求良好着装感的男子西装，参照日本工业标准《JIS L4004—1996》成人男子用衣料尺寸的平均体型A，以92A5（胸围92 cm，腰围80 cm，身高170 cm）为基准体型，制作西装尺寸以92A5为准，并分别制作了稍微大一点的92A4和稍微小一点的92A6，计3类尺寸、5种衣料，共15种实验用西装，选择10名年龄为20～45岁、工作中经常穿西装、体型接近92A5的成人男子为受试者，根据JIS规定的测试法进行着装试穿实验。该研究在评价男子西装的服装压时，让10名被受试者随机穿着15种西装上衣，分为静态（立位正常姿势）和动态（双手平行前举90°姿势），就肩部、前腋窝部、肩胛骨部、后腋窝部及上臂根部等5个部位，按照5段评价法，将感受到的压迫程度，按照重量感、易活动性、综合快感以及总着装感进行记分评价；同时，就肩部、前腋窝部、肩胛骨部、后腋窝部及上臂根部等5个部位，测试静态（立位正常姿势）和动态（双手平行前举90°姿势）下的服装压。通过对服装压感舒适性主、客观测量数据进行灰色关联分析，讨论了男子西装实测服装压与主观着装感评价之间的关系。研究结果指出：

（1）对于重量感、易活动性以及综合快感评价，西装尺寸越大，综合快感评价越好，易活动性评价越高，易活动性评价比重量感评价更接近综合快感评价，即易活动性评价得分对综合快感评价得分是重要因素。

（2）男子西装的总着装感，静态时与人体肩部关联显著，动态时与后腋窝部及上臂根部关联较大。

（3）静态时，肩部服装压在0.8 kPa以下，受试者综合快感感觉舒适；达到1.4 kPa以上，总体上感觉不适；在1 kPa左右时，被测试者无不适感。

（4）动态时，后腋窝部的服装压力在0.7 kPa以下，被测试者综合快感感觉舒适；达到4.5 kPa以上，总体上感觉不适；在2 kPa左右时，被测试者无不适感。

（5）动态时，上臂根部的服装压力在1.4 kPa以下，被测试者综合快感感觉舒适；达到5.0 kPa以上，总体上感觉不适；在2.5 kPa左右时，被测试者无不适感。

2009 年金子敏等以相同款式和材料，但筒径、编织方法与组织结构不同的 12 件男式无缝内衣为研究对象，由 M 号体型的青年男子在静态下穿着无缝内衣，进行穿着实验，测量了男子下体不同部位的服装压力值，并对主观压力舒适感进行评价，运用主客观评价、模糊数学和箱控图方法，对七个部位的客观压力分布进行描述，并总结出服装压力与人体舒适性之间的关系：腹部、腰部及小腿部的服装压力与主观压感成反比例关系；侧缝部、大腿部及臀部的服装压力与主观压感成正比例关系，并指出男式无缝内衣腰部的舒适压力范围是 0.058～0.629 kPa，臀部的舒适压力范围是 0.181～0.465 kPa，大腿部的舒适压力范围是 0.088～0.438 kPa，小腿部的舒适压力范围是0.409～0.640 kPa，腹部的舒适压力范围是 0.038～0.335 kPa，侧缝部的舒适压力范围是 0.160～0.567 kPa，膝部的舒适压力范围是 0.240～0.523 kPa。该研究不仅指出了服装压力与人体舒适性间的关系，还总结出 M 号青年男子穿着无缝内衣对服装压力带来的舒适性问题较为敏感，除膝部外，在下体其他部位均能准确判断随着无缝内衣压力的变化而引起的压力舒适感觉变化。无缝内衣设计中应减小小腿部、腰部和大腿部的服装压力，膝部主观评价受大腿部和小腿部不舒适影响较大，改善大腿部和小腿部客观压力即可改变膝部主观舒适度。

通过许多专家学者多年的努力，关于服装压的研究，尽管在服装压感舒适性主、客观评价研究以及服装压力舒适阈值确定方面已经形成较完善的研究方法，并取得了一系列的研究成果，但仍然存在一些问题：

(1) 在服装压感舒适性的试穿实验中，研究的样本量偏少，一般的研究中被测试人员仅 8～20 人，因此，存在研究结果应用范围较小的问题，尤其是建立的一些数学模型，不能适合普遍的问题，不能被广泛地应用到实际的产品设计以及面料选择等环节中。

(2) 压力测量仪可精确测量人体各部位的服装压力值，但与人体穿着舒适的实际感受有差异；而主观评价能反映人体穿着舒适的实际感受，但存在个体差异，且受主观影响较大，不够精确。因此，应将服装压力客观测量和主观评价相结合，作为评判服装压力舒适性的标准，并且，对不同服装的压力舒适值的精确度有待于进一步验证，这一方面的深入研究可从人体自身生理、心理机制角度着手。

三、服装压力影响因素研究

关于服装压力影响因素的研究在国外主要集中在 20 世纪八九十年代，而在国内也主要发生在近些年。

登顿(Denton)、晴美(Harumi)等指出有众多因素影响服装压力的大小，他们从人体自身的角度做了研究，发现人体体型方面的影响因素有运动幅度、脂肪含量、软组织结构、人体的弹性模量、身体曲率等。晴美(Harumi)通过比较动静状态下胸衣的服装压力，发现服装压力与人体的呼吸、姿势及运动幅度之间都存在相关性。通过研究同一个测试点处的服装压力与不同受试者的 BMI 两者之间的关系，证明了服装压力与人体的脂肪含量也具有一定的相关性。法子(Noriko)、晴美(Harumi)、绫子(Ayako)等通过研究发现服装面料的性能对服装压力也有一定的影响，其主要影响因素有面料的剪切性能、弯曲性能、横向拉伸性能、面料双轴向拉伸、弹性模量、柔软度、接触感，以及面料的摩擦因数、光滑度等。

1996年沈大齐等为了找出医用弹力袜压力设计的相关规律，采用在不同线圈长度和不同衬垫纱的线速度下编织的12组袜子试样进行实验，研究了袜筒压和腿模周长及地组织线圈长度之间的关系，并指出了袜筒压力的设计方法。

2003年李显波等为了研究氨纶添纱织物的服装压力，进行了圆筒实验。他们将具有不同氨纶送丝量的织物缝制成不同拉伸率的筒状，然后套在圆筒模型上，应用触力传感器测量了织物施加在圆筒上的压力，通过对实验数据分析，发现在织物组织结构一定的情况下，织物拉伸率较大时，织物延伸所产生的服装压力与氨纶送丝量有关，氨纶含量的增加改善了织物运动舒适性，并指出氨纶弹性针织物所造成的服装压力与织物的组织结构、氨纶送丝量及织物的拉伸率都有关系。

2004年西安工程科技学院的周晴等选用3种拉伸性能不同的弹性面料，分别制成3种号型、2种款式的18件运动内衣作为研究对象，进行了紧身运动内衣穿着压力舒适性的主观评定。该研究设计了一组服装穿着试验，每位穿着者依次从18件紧身衣中挑选6件适合自身号型的服装进行评定和测试，利用七等分量表对紧身运动内衣的压力感、束缚感、重量感、横向压感、刺扎感、粗糙感、搔痒感、滑爽感、柔软感、滑脱感等几种感觉因子做出主观压力感评价，将每位穿着者在静止状态下的感觉评价值和舒适评价值统计出来，在统计中分别以数字1至7代替。利用SPSS11.0统计软件，分析所得每位服装穿着者分别穿着6件服装时的感觉评定得分之间的相关关系系数。该研究最终得出如下结论：

(1) 服装面料弹性与总体压迫感成负相关，与总体压力舒适性成正相关。

(2) 面料的亲和力是决定压力舒适性的关键。

(3) 最理想的服装是在人体可以承受的压力范围内兼具良好的服装面料舒适感。

(4) 服装对身体的覆盖面积是造成重量感的直接因素且与重量感成正相关。

2006年钟安华等以号型分别为大(170/88A)、中(165/84A)、小(160/80A)号的3件女士紧身无缝内衣(含5%氨纶的棉包氨纶纱)为研究对象，采用输液管、橡皮球、铁架台、直尺、细木棍、吸球、电子天平等自制的液体压力测试装置测试了无缝内衣的服装压力，测试的三个部位分别是腰部、胸部、背部，每个部位测试至少8组以上数据。为了定量地表达服装尺寸，该研究选择了可以很好地反映服装结构和人体之间固有的合适程度，而不受织物弹性影响的服装宽裕量。通过对实验数据的整理分析，发现服装压力与服装宽裕量有较密切的关系。对于紧身上衣来说，不同的部位可以得出一个服装宽裕量和服装压力的回归方程，并且，由这几个部位的服装宽裕量和服装压力的回归方程可以看出，当服装宽裕量负向增大时，服装压力均增大，曲线上的拐点是人体感觉身体明显受压的服装压点，利用这一点可以解决一些问题，如：需要受压的病人(胸、腹等下垂的病人)可利用拐点以上的服装压对器脏的托起作用而感觉舒服；运动员(体操、游泳等)依靠拐点左右的服装压有益于人体运动而不影响人体的舒适感；正常穿着者可利用比拐点稍小的服装压达到既形体美又舒适的感觉等。

2007年宋晓霞以3套款式不同、号型不同、原料不同的女士针织运动内衣为研究对象，3 名在校女大学生为受试者，进行服装的压感舒适性穿着实验。该研究要求 3 名女大学生分别穿着 3 套女士针织运动内衣，在 6 个不同的位置，分别是肩部、上胸围处、下胸围处、腋下、背部以及胸侧进行测试，研究要求每名测试者在进行服装压力的测量之前，先对服装的穿着压力感作出主观评价，以免压力值对被测者有主观影响的作用。评价服装穿着压力感以 0 为评价指标的最低限，以数字 7 表示最大等级，将主观评价分为 8 个等级。试验过程中，被测者可以选择不同的数字来反映主观穿着压力感的大小，随后，测量了运动内衣的客观压力值。通过对针织内衣服装压力的客观测量和主观评价的实验数据进行分析，发现两者之间具有密切的相关性。研究结果指出：

(1) 穿着运动内衣时，各部分所受到的压力是不同的，且各部位的敏感程度也不相同。根据实验所得数据，运动内衣的压力主要集中在背部、肩部和腋下。同时，由于背部对压力的感知并不是很敏感，因此背部能承受较大的服装压。

(2) 针织运动内衣的原料对压力舒适性有较大影响。氨纶含量高的运动内衣具有较高的弹性，产生的服装压也较高；而氨纶含量低的运动内衣，则产生的服装压较低。

(3) 针织运动内衣的号型对压力舒适性也有一定影响，相同材质的运动内衣，穿着于同一个人身上，号型较小的运动内衣服装压力大于号型较大的运动内衣。

2008 年徐军等采用能明显感觉到压力感的弹性胸带背心为研究对象，同时在背部、肩带以及颈带上进行松紧调节可以改变胸带背心的贴体程度。为研究人体乳房在运动中的运动状态及紧身背心产生的压力分布情况，本研究的传感器安插在背心的内插垫片上。测量时将胸部划分为 8 个部位，分别是胸内侧上部、乳房下部、胸内侧下部、胸外侧上部、胸内侧中部、胸外侧下部、腋下、乳头等部位，实验分别选取可能造成胸部压力较大变化的 10 种运动状态：①是双手下垂静立状态(自然呼吸双腿并立)；②是臂前伸静立状态(自然呼吸双腿并立)；③是两臂向上静立状态(自然呼吸双腿并立)；④是两臂侧平静立状态(自然呼吸双腿并立)；⑤是自然行走状态(原地踏步，抬高 45°，自然摆动双臂到前后 15°左右)；⑥是作扩胸运动状态(双臂抬高至与肩平，到所达之最大程度)；⑦是两臂由前运动至头顶再还原运动(两臂自下向前运动至头顶再返回体侧)；⑧是两臂由体侧运动至头顶再还原运动(两臂自下向体侧运动至头顶后返回体侧)；⑨是环绕抱胸(双手平行展开，高度至肩部时，双手交叉抱胸)；⑩是慢跑运动状态(双臂曲至 90°，前后摆动夹紧两侧)，测量得到人体在不同类型服装和不同动作中，胸部各点所承受的服装压力，通过对 10 种运动状态下的服装压力值进行分析，发现服装压力在人体胸部的分布是运动状态的函数，并指出在不同运动过程中，胸部各点压力随运动方式的不同，压力分布有所不同，并非总是遵循腋下、乳下和乳头部着装压力依次逐渐变小的规律。在不同运动状态下，运动造成乳房的形态和振动状况不同，导致各部位压力变化剧烈程度差异明显。改变胸带背心松紧程度，则各部位的服装压变化一致，但变化程度有所不同(略有差异)。因子分析结果表明，胸部 8 个部位的压力影响因素为贴体因子和运动因子，随着运动的剧烈程度增加，运动因子比例逐渐提高。该研究成果能为女式胸衣设计及其功能实验提供一些理论依据。

2009 年陈东生教授等为了更好地评价服装的压力舒适性，指导人们科学地择衣穿衣,在对服装压力产生的机理进行分析的基础上,采用自行开发的服装压力测试系统作为压力测量工具,以织物结构为双罗纹组织的100%涤纶织物为原料,制作了款式相同、规格分别为M、L、XL的三款弹力紧身长裤作为研究对象,挑选9位没有特殊着装爱好的体型正常的北方男性在校研究生作为受试者,测试了常规款式紧身裤装最大臀围处,即人体的臀突点(臀部最高点)的服装压力,被测者依次穿着上述M、L、XL型弹力紧身长裤,保持立正姿势,测试服装压力。同时,对被测试者的自我压感评价按照很压迫、较压迫、一般、较舒适、很舒适5个等级进行分级问卷评价。同时,为了定量地表达服装尺寸,引入服装宽裕量的概念,探讨了紧身裤压力与宽裕量、紧身裤压力与人体臀围之间的关系,通过对实验数据的分析,研究结论如下:

(1) 9位受试者的服装压力变化有着基本相似规律,即9位被测试者穿着M号(较小)试样时均显示出较大的压力值,在穿着XL号(较大)试样时均显示出较小的压力值,而穿着L号试样时其压力居中。对于被测试者来说,显然,随着服装尺寸的加大,即随着放松量由小到大的变化,服装压力值也越来越小。当然,由于每一位受试者的净体臀围不同,穿着相同规格的服装同一规格部位的放松量不同,因此,服装对该部位的压力也存在差异。不过,基本可以看出臀围较大者其压力值较大,臀围较小者其压力值也较小。

(2) 服装压感值是衡量服装穿着舒适感的自我感觉数值,是主观评判指标。其值的大小对于直接判断服装穿着舒适感来说,简易明了,可操作性强。虽然人们在日常生活中对服装的款式、色彩、面料、品牌等都有着不同的偏好,但是,随着服装放松量由小到大的适当变化,人们对压感舒适性的感觉越来越舒适。另外,穿着相同号型的弹力紧身长裤时,臀围较大者其服装压感反映强烈,而臀围较小者压感反映相对较弱。

(3) 基于对人体着装弹力紧身长裤后的服装压分析,确立了弹力紧身长裤在围度方向的数学模型。该模型描述了服装压与服装宽裕量之间的关系,指出服装压与服装宽裕量密切相关,随着服装宽裕量从大到小,服装压力不断减小。

2009年黄雁等选择规格分别为160/85A、165/90A,款式面料相同的2件普通型针织内衣为研究对象,选择身高体型呈现明显梯度变化的浙江理工大学在校女学生15名作为试穿人员。选取人体的背宽、胸宽、胸部、腰部、臀部、大腿部这6个部位,研究针织内衣宽裕量与压力值的关系。分别选择肩胛点(背宽)、胸上点(胸宽)、胸点(胸部)、前腰中点(腰部)、臀凸点(臀部)、大腿前中点(大腿部)这6个压力测试点,借助压力测试仪测试人体主要部位在穿着针织保暖内衣后的压力值,同时结合该部位内衣宽裕量进行回归分析。讨论了针织内衣宽裕量与压力值之间的关系,并建立了数学模型。从相关系数对比上可以看出,通过对6个部位压力与宽裕量关系综合分析可以看出,背宽、胸宽、臀、大腿部位相关系数比胸部和腰部位更大,相关关系比较紧密。从回归系数对比上可以看出,胸宽和背宽处压力变化率最大,其中,背宽以三次函数递增,胸宽部位近乎以指数函数增加,不过压力值都较小,几乎都在1 kPa以下。这些部位的宽裕量也较小,最大不超过8 cm。这两个部位分别处于肩部以下、胸部以上的躯干部位,并非宽裕量的关键控制区域。但这两个部位的压力对宽裕量变化最敏感,不当的结构处理可能对肩部和腋部的活动性造成影响。在保证关键部位的宽裕量控制的前提之下,这两个部位的宽裕量设计非常重要。腰部的宽裕量比较小,给予的放松量比较大,因此,压力值也偏小。当宽裕量增大到一定程度时，压力才开始快速增大，对应的拟合方程为二次表达式。考虑到腰部结构特点和运动规律，为了提高舒适性和美观，可以适当收紧松量，酌情设计得更合体一些。大腿、胸、臀部这三个部位，宽裕量与压力值变化范围都比较大，宽裕量最大达到15 cm，最大压力值均在1 kPa以上。这三个部位是人体体型特征最明显的部位，也是对压力影响最大的部位，如果再考虑到三个部位在运动状态下的压力变化，其宽裕量对内衣压力舒适性的影响将起到决定性的作用。

影响服装压力舒适性的因素涉及物理、生理、神经生理以及心理等多个方面。对于服装压力舒适性的影响因素，相关文献多是从一两个因素着手研究服装压，将服装压、服装的款式结构、织物的物理性能以及人体体型等几个方面结合起来研究的文献还很少，关于时间、运动以及洗涤对服装压力舒适性的影响也没有较全面的评价。

四、服装压力分布研究

作为服装压力研究的一个方面，服装压力分布研究近年来一直是国内外专家学者研究的热点。

基于弹性力学的薄膜大变形理论，2006年罗笑南(Luo Xiaonan)等利用内衣裤的弹性变形和压力的改变，在标准人体上使其改变大小，建立了一个用来计算人体穿着紧身内衣时服装压力分布的模型。该模型能够很好地计算三维服装CAD系统中的服装压力分布。在该模型的帮助下，能够比较容易地解决整个服装CAD系统试穿效果的问题。

2005年徐军等选用3种拉伸性能不同的弹性面料，分别制成3种号型、2种款式的18件运动内衣作为研究对象，选择西安工程科技学院2001—2003级20～35岁的女性研究生为受试者。利用心理量表对不同号型、不同款式和不同弹性的运动内衣在不同状态下做出了主观压力感评价。在研究中，实验分4种状态：自然静立、抬举哑铃(双手下垂握哑铃，抬臂直至与肩部平行，各5次)、环绕抱胸(双手平行展开且微曲握哑铃，高度至肩部时双手交叉抱胸，各5次)、前后甩臂(双手握哑铃前后甩臂，各5次)。从上身几个关键部位(肩、腋、胸、腹、腰、背)着手，利用SPSS10.0的重复测量方差分析(Repeated Measures)来研究上身各部位的压力分布状况。通过对实验数据进行分析，发现不管是哪类服装在何种状态下，腹部和腰部的压力是最小的，背部的压力最大，其次是胸部、腋部、肩部。自然静立下，背部压力最小。抬举哑铃和环绕抱胸时，分别在肩部、背部压力。前后甩臂时，腋部和胸部的压力最大。上述现象揭示了运动内衣的压力主要集中在背部、胸部、腋部和肩部，而人们往往认为最大压力可能出现在腰部和腹部。这是因为本课题研究对象不是矫形用内衣，而是运动用内衣，如练舞服。如果这类服装腰、腹部压力和其他部位一样就会影响运动的适体性和灵活性。背部作为几个部位中皮下脂肪较厚、敏感度较差的部位，压力稍大不会影响上身的活动效能。只有服装在各部位受力均匀，服装的适体性才能很好体现，更好地满足运动的需要，这样就能尽量减小服装带来的阻力。另外，宽肩服装较之窄肩服装相比，由于覆盖面积稍大，更能分散肩带对肩部的压力。短型服装与长型服装相比，由于长型服装对腰、腹部造成大面积的包裹从而产生额外的重量感。所以，宽肩短型的服装是较为理想的运动内衣。因此，最理想的服装（运动内衣）是在人体所能承受的压力范围内（因为适当的压力会减少肌肉振动和不必要的能量损失并能进行按摩，并增强肌肉的收缩力），同时又兼备良好的服装款型。

2006 年四川大学的王越平等考虑到服装压力舒适性是服装舒适性研究中的重要组成部分，而服装压力的客观测量与表征是压力舒适性研究的基础。选择爱慕公司 2004 年春夏季产品中的 75A 型胸衣（其中 75 是下胸围，A 是杯罩的大小）为研究对象，该胸衣款号为 1093，款式为 5/8 杯新型模杯，可摘卸肩带并可灵活调换，后背有 3 个双小绊档位调节松紧。挑选了 20 名体型为 GB/ T 1335—2008（服装号型）中较为普遍的女性标准体型，对应号型为 160/84A 的 22～25 岁的女性作为受试者，采用日本株式会社 KS 公司研制的压力分布测量系统，首先对女胸衣的压力进行单点测量，然后按测试点描绘压力线，最后综合压力线来分析整件胸衣的压力分布。通过人体结构和服装结构的分析，经过大量预实验，最终选定 50 个测试点，这些测试点构成五条压力线：A 线——肩带压力线、B 线——钢托压力线、C 线——侧缝压力线、D 线——后背上压力线和 E 线——后背下压力线，由此进行压力分布状态的分析。通过对测量数据的分析发现：尽管测试者穿着习惯不同，但是所有测试者在着装时的压力分布规律非常明显，女胸衣各部位服装压力中，1.47 kPa 以下为较小压力值，1.47～2.94 kPa 为中等压力值，2.94 kPa 以上为较大压力值。其中：

(1) A 线上以肩点为压力最大点，向前、向后压力逐渐减小。肩点是肩带弯曲最大、与人体接触摩擦最多的点，肩带受到罩杯牵拉并负载着乳房的重量，因此必然沿肩带向上压力逐渐增大。

(2) B 线上呈现出钢托两端压力大，而中间底部压力反而减小的现象。胸衣罩杯的作用是托起乳房，因此钢托底部的压力不宜过小，而如果两端压力过大，会导致钢托压迫心脏，使穿着者产生不舒适的感觉。

(3) C 线的两端为受力支撑点，故压力最大，而 C2、C3 点处于后侧片上下绷缝固紧结构的中间，不是主要承力部位，故压力较小。

(4) D、E 两条压力线虽在人体高度方向上有所不同，但在围度方向上非常相似，因此呈现出相似的变化规律。D4、D5、D6 及 E4、E5、E6 分别位于人体脊柱后中线的两侧，由于人体的这个部位向内凹陷，皮下脂肪较少，同时因为服装受围度方向的拉伸力作用，在此处沿围度方向的曲率几乎为零，因此压力值较小。而 D1、D2、D3 及 E1、E2、E3 部位压力值较大，该腋下后侧区域是胸衣压力相对集中的部位。

总之，女胸衣压力值分布规律很明显。人体曲面转折大处压力较大，肩带、胸托和后背转折处压力较大，人体左右两侧对称性较好，随着人体体型的变化，最大后背压力点向两侧移动。

为了提高人体的运动舒适性，研究沙滩排球运动生物力学，2009 年徐军等以女子沙滩排球服装为研究对象，挑选 6 名体校排球专业女学生作为受试者，采用基于 LABVIEW 虚拟仪器技术的压力测量系统进行人体着装实验，要求被测者穿着本实验设计的服装，并将压力传感器置于身体 7 个不同的位置（肩部、胸部、背部、腋下、腹部、臀部、胯部)，以测量这7个部位的受压情况。实验选取7种动作状态。通过服装的压力舒适性进行分析，针对服装款式设计、结构设计和面料设计提出改进方案。研究结果表明：没有改进之前的女子沙滩排球服装胯部压力最大，分布在2 000～5 000 Pa，超过了人体对服装压的承受范围，需要改进；腋下压力次之，分布在1 100～1 700 Pa；腹部压力分布在900～1 300 Pa；胸部压力分布在950～1 500 Pa；臀部压力分布在950～1 350 Pa；背部压力分布在500～1 350 Pa；肩部压力分布在300～1 100 Pa。因此，需要对服装的款式和结构进行改进，结合沙滩排球运动生物力学及运动特点，使不同部位的服装压力能尽可能满足运动员的需要。

改进后的服装选用4种弹性不同的面料，背部、底裆和胯部选择锦纶92%，氨纶8%的弹性面料；腋下和腹部选择锦纶84%，氨纶16%的弹性面料；胸部选择锦纶82%，氨纶18%的弹性面料；臀部选择锦纶80%，氨纶20%的弹性面料。

通过对重新设计的女子沙滩排球服装的压力测量后，发现胯部压力最大，压力分布在2 000 Pa左右；其次是臀部，压力分布在1 100～1 500 Pa；胸部压力分布在900～1 300 Pa；腹部和腋下压力分布区域比较相近，分布在650～1 000 Pa；背部压力分布在100～600 Pa；肩部压力分布在100～500 Pa。

通过对比可知，对服装的款式和结构进行重新设计和分割，并在不同部位运用不同弹性的面料后，身体7个部位的压力值发生了显著变化。

(1) 胯部压力明显减小，臀部压力有所增大，胸部压力基本保持不变，腋下压力明显减小，腹部压力稍微减小，背部压力和肩部压力明显减小。

(2) 各测量部位压力分布范围大小顺序为肩部＜背部＜腋下＜腹部＜胸部＜臀部＜胯部，基本可以满足沙滩排球运动员的压力舒适性要求，达到了实验设计的目的。

(3) 从上述的沙滩排球运动特点来看，改进后的新款女子沙滩排球服在压力舒适性上有了积极的效果，而且各部位压力均没有超过$2.94\times10^2\sim3.92\times10^2$ Pa，符合人体生理要求。

五、服装压力对人体生理的影响

在“健康着装”的指引下，服装压力对穿着者生理参数的影响，一直是国外研究者关注的焦点与热点。随着国内一些研究机构仪器的更新，国内的一些专家学者也开始关注并研究服装压力对人体生理参数造成的影响。

运动场合下适度的服装压力能提高运动效率且对人体具有一定保护作用。目前，在高水平竞技运动的成绩接近人体体能极限的情况下，依靠科学技术改善运动表现是必然的发展趋势。例如全覆盖式鲨鱼泳装，根据人体不同运动状态下不同部位的肌肉皮肤的压力舒适性等级设计而成，全身包覆产生的服装压力刺激肌肉紧张，减少因无效震动造成的能量损失，降低疲劳度，提高运动效率，使得游泳运动员在阻力中获得最大的运动效率及舒适性。阿迪达斯的游泳运动服按照运动员的体型构造，给人体提供梯度压力，即在人体不同部位施加大小不同的张力并且不影响人体的自由运动，更能唤起人体的本体感受，这种梯度式压力可以改善血液的微循环和减少肌肉颤动，血液微循环的改善可以帮助身体更有效使用血液中的氧，采用弹力织物束紧的服装压力作用与人体肌肉可有效改善这种状况。然而当服装压力超过一定范围时，既超过人体所能承受的范围，则会对人体造成危害，因为，服装不随人体变形而变形，会抑制人体的动作，使人体所做的无效功增加，效率低下，易感觉到疲劳，严重者甚至会导致穿着者的内脏器官移位、呼吸运动受抑制、血液循环受阻，严重影响人体生理的健康。如18世纪欧洲女性长期穿着的紧身内衣，导致内脏器官严重移位，横膈膜被推向上方，横膈膜的上下运动受限制，呼吸运动受到抑制，心脏比正常向右斜，血液循环受到抑制，胃部因在中间部位受压而被上下拉长，严重危害女性生理健康。图4-5所示为18世纪的欧洲女性长期穿着紧身胸衣后对她们的身体造成的危害。另外，有研究表明，由于腹部无骨骼支撑，很小的压力即可使内脏的位置和形状发生变化，当腹部受到强力的挤压时，肠道及其他器官也会有移位的危险。因此，应充分研究服装压与人体生理反应之间的关系，了解并减小由服装压过大带来的人体不舒适及身体危害等不良反应，并科学合理地利用服装压，充分发挥服装压美化人体及加强运动效率等作用。

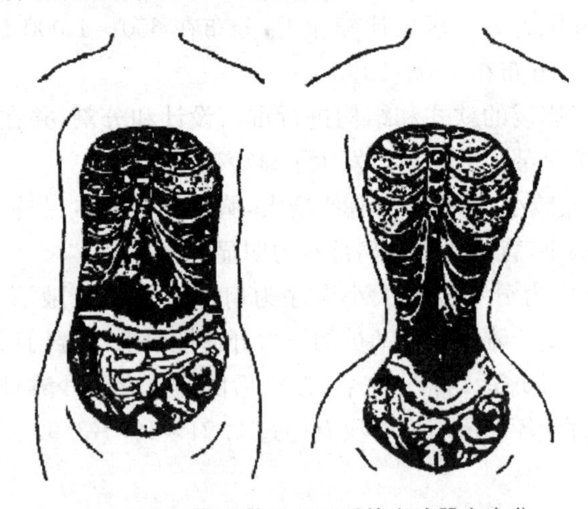

图4-5 长期穿着胸衣以后的内脏器官变化

小川(Ogawa)等通过实验研究了服装压力对直肠温度的影响，研究发现当作用在人体双侧腋下部位的服装压力值达到9.8 kPa时，人体的直肠温度没有发生大幅度的变化。然而土屋(Tsuchiya)、金正旭(Jeong)、李(Lee)等通过一些研究发现服装压力能使人体的体核温度明显增加。造成这种现象的原因是服装压力作用于人体的面积区别较大。在小川(Ogawa)等的实验中，虽然实验的服装压力值比较大，但是人体的受压面积却小的多，只有50 cm^2，而在土屋(Tsuchiya)的研究中，虽然服装压力值不是太大，但受压面积却要大很多，有200 cm^2。这种现象说明当服装压力使人体的生理参数产生变化时，起作用的不仅仅是服装压力，受压面积也是因素之一。

登顿(Denton)的研究表明服装压力对人体的血液流动有影响，当压力大于不舒适压的临界值时，人体的血液流动就变得非常困难，从而会导致血液流动受阻或停止流动，结果会造成血液被迫流到人体腿部较低的部位，最终造成了下肢肿胀。川秀子等通过对具有护腿功效的裤袜进行穿着试验发现裤袜对人体的压力能够促进人的静脉血液循环，但是过大的服装压力则会影响人的皮肤血流量。通过对母趾和大腿的皮肤血流量进行测量发现，当施加在人体上的压力增大时，皮肤血流量减小；反过来，压力减小时，皮肤血流量增大。

小川(Ogawa)等和直木(Tadaki)等均发现作用在人体双侧腋下处的服装压力会抑制人体整个上半身的流汗率。直木(Tadaki)等指出，人体出汗率的降低量不仅与双侧腋下处的服装压力大小有关，还与服装压力的面积大小也有关系，出汗率的降低量与压力大小和面积均成正比关系。

大仓(Okura)等研究了静态情况下紧身衣对人体生理参数的影响，发现服装压力能使人的唾液分泌率明显下降。田中(Tanaka)等以长形腰带作为研究对象，对 15 个女性进行了穿着实验，通过实验分析发现长形腰带施加在人体上的服装压力会对唾液分泌造成严重的阻碍，并且会延长人的唾液消化时间。在周围的温度是 35 ℃、相对湿度是 60%时，田中(Tanaka)等以弹力带为研究对象，选择 12 个年轻健康女性为受试者，研究了压力对人体体核温度、重量减少以及唾液分泌率的影响。实验在一个生物气候室里进行的，受试者先在室内休息，然后将 8.5 mm 宽的弹力带包在人体六个不同的部位，由弹力带造成的压力值范围在 1.16～3.26 kPa。在整个实验过程中测量了人体的体核温度以及由流汗和唾液分泌而造成的体重减少。实验结果表明由弹力带产生的皮肤压力使得人体体核温度明显上升，而主要由流汗和唾液分泌造成的体重下降则明显受到抑制。

梅顿(Maton)等通过对人体表面肌动电流图的记录及分析，指出由弹力压缩袜子对人体造成的压力不会给人体造成更大的肌肉疲劳，但也不能够加快人体疲劳之后的力量回复。但斯蒂夫(Styf)、张(Zhang)等以有松紧带的服装为研究对象，调查了服装压力对人体一些生理现象的影响，发现服装压力对受试者活动的忍耐时间、自愿反应时间以及支撑运动时间的长短都有影响，指出服装压力会增加人的肌肉疲劳。造成这种结果的原因是因为梅顿(Maton)实验中的服装压力比斯蒂夫(Styf)、张(Zhang)等试验中的压力小。

为了研究服装压力对人体自主神经系统活动的影响，辻井(Tsuji)等以两种胸罩(一种是常规的，压力较高的胸罩；另一种是新设计的低压胸罩)为研究对象，通过心率变异性功率谱来表征人体自主神经系统活动，经过对六个经期规则的健康女性进行实验，发现穿着压力较高的常规胸罩的受试者的自主神经系统活动与穿着低压胸罩的人相比，明显受到抑制，说明由常规胸罩造成的较高服装压力对人体的自主神经系统活动有一个明显的消极影响，这主要是由于副交感神经和体温交感神经活动的显著下降而引起的。由于人体自主神经系统活动在调节人体内部环境中起着非常重要的作用，因此，服装压力过大的紧身内衣会严重影响妇女的健康。

金正旭(Jeong)等以女式连体内衣为研究对象，探讨服装压力对人体泌尿褪黑激素分泌的影响。该研究以 5 位健康女性为受试者，受试者在第一天不穿实验用的连体内衣，而在随后的四天里面，穿了这种连体内衣，并测量了服装压力。实验收集了不穿连体内衣情况下的尿样及穿着连体内衣情况下的第一天和第四天的尿样，数据显示不穿连体内衣情况下的褪黑激素分泌明显比穿着连体内衣第四天的高，也就是说，紧身连体内衣的服装压力抑制了尿褪黑激素的分泌，对人体的睡眠有负面的影响。

优琦(Yuki)等为了研究白天工作时服装所造成的服装压力对夜间人体尿中排泄的肾上腺素、去甲肾上腺素和皮质醇以及心率的影响，以纯棉夹克衫(紧身服装)和纯棉T恤(宽松服装)为研究对象。在紧身服装和宽松服装下面受试者均穿着宽松合体的纯棉背心和内裤。通过对记录的实验数据进行分析发现当白天穿着紧身服装工作时，夜间尿中肾上腺素、去甲肾上腺素和皮质醇的排泄顺利，并且尿排泄、尿褪黑激素排泄以及人体的心率都明显提高，这是由紧身服装产生的压力造成的昼夜交感神经系统活动的增强所引起的。

肖(Xiao)等将弹力裤作为研究对象，通过实验分析了在动静态情况下弹力裤的服装压力对人体表面皮肤温度的影响，研究结果指出服装压力会使人体下肢的皮肤温度降低，并且，服装压力越大，由弹力裤覆盖的表面皮肤温度的下降就越大。

2000年东华大学的沈迎军在高龄者体型及着装卫生指标研究中，用全自动电子血压计、肺活量测试仪和秒表等测量了高龄女子在穿冬季日常服前、后以及在三种不同体位时的血压、脉拍、呼吸数、肺活量的变化情况。将测试结果与高龄女子正常状态下的该四项生理指标值相对照，来验证该冬季日常服的重量是否适合高龄女子穿着。得出了老年人在束腰带收缩大于1 cm时，呼吸数产生很大波动，严重影响正常呼吸，同时对老年人肺功能造成较大影响，老年人的血压也发生异常变化，加压越大脉拍减小越多；老年人束腰带收缩不宜大于1 cm。

为了探索下肢受压后的末梢、及受压部位的皮肤血流变化情况，2008年苏州大学的王佳通过穿着压力袜加压以及应用血压计对人体下肢进行模拟加压的实验，研究了不同的压迫方式对受压部位及末梢皮肤血流的影响。在该研究中，选择脚踝和小腿两个部位为测试对象，通过大量的预实验最终选择3名健康的在校女大学生为实验对象，所有受试者被要求在实验前24 h内无剧烈运动，17 h内不食用辛辣或含酒精、咖啡因的食品。同时，每位受试者在实验时都需穿着宽松的裤子。由于人体的血流量变化受心理、生理等多方面因素的影响，即使相同的人，每天的血流变化也不相同，而且同一血管内的血液在不同的时间也有一定的变化，因此测试时间固定为每天的14:00～15:20。采用AMI人体着装舒适性生理量测试系统进行测量，首先采用血压计进行模拟加压，对在压迫状态下的下肢皮肤血流和皮肤温度的变化进行测试，得到压力与皮肤血流量变化之间的关系；其次通过压力袜穿着实验，把结果与模拟加压实验的结果进行对照。在穿着实验过程中，还对压力袜的压力分布进行了测量。通过对实验数据的处理，得出以下结论：

(1) 下肢在压迫状态下，末梢皮肤血流会不同程度地受阻，而且压力越大，皮肤血流量的受阻程度也越明显。当施加相同的压力时，脚踝受压对皮肤末梢血流的影响程度比小腿受压时要大。皮肤温度在一定程度上可以反映皮肤血流的变化情况。

(2) 对于末梢皮肤血流的压迫机制，推测压迫主要是通过影响毛细血管的开放数量，从而来影响末梢皮肤微循环的血液量的。

(3) 在一定压力范围内，压部位的皮肤血流量会上升，当压力超过某一临界值后，皮肤血流量又会逐渐下降。

(4) 皮肤受到压力时，推测压部位皮肤微血管会受到两方面的影响。一方面，当施加压力较小，在神经及体液刺激的主要作用下，皮肤微血管会扩张，血管里充盈的血液量就增多；另一方面，当施加的压力较大，外界的机械压迫作用明显时，微血管会被压变形，所能容的血液量也就减少。

(5) 下肢对压迫的承受能力主要与施加压力、作用时间及覆盖面积有关；脚踝处可以承受较大的压力。

在前人研究的基础上，2009 年苏州大学的周伏平调查压迫对下肢皮肤血流的影响，以探讨着装压迫下的生理参数反应。选择 5 位健康的女大学生为受试者，以脚踝和小腿为研究对象，采用血压计在脚踝和小腿两个部位施压模拟着装压迫状态，测量了下肢受压前后的皮肤血流量，然后对受压前后的皮肤血流量的变化进行了分析，主要从压力等级、加压部位和加压时间三方面探讨压迫对皮肤血流量的影响。运用 SPSS 软件对实验数据做了威尔科克森(Wilcoxon)配对符秩检验，判断有压与无压下皮肤血流的差异。结果表明：下肢对压迫的承受能力主要与施加压力的大小、受压部位有关。当对下肢施加一定范围的压力，受压部位的皮肤血流量会呈不同程度的上升，而当所施压压力过大，超过一定的临界范围时，皮肤血流量会呈下降趋势；当压力去除时，皮肤血流量逐渐恢复。此外，下肢不同部位的压力承受范围不同，脚踝部位比小腿部位能承受较大的压力。为了进一步探讨压迫对皮肤血流变化的控制机理，本研究还运用小波变换方法对受压前后的皮肤血流信号进行了频谱分析，发现了肌原活动(血管壁上的平滑肌随血管内压力的变化而发生的血管运动)在无压与受压状态下的差异。本研究的意义是为医疗实践提供理论的指导，也为紧身类服装的开发和研究提供科学依据。

为了研究内衣压力造成的人体生理指标的变化，刘莉等进行了调整型内衣的着装实验，实验所需样衣由北京爱慕内衣有限公司提供，每款调整型内衣有 3 个以上的号型，紧身衣的造型结构基本接近，但是塑裤分别是高腰和长腿特征的 2 款设计，实验受试者首先在 300 名女研究生中筛选出 42 名体态微胖的学生，采用非接触三围激光扫描仪获取她们的身体特征，最终根据身体条件和穿着习惯选定 15 名年龄在 21～26 岁的身体健康的青年女性作为受试者，实验分两步进行，第一步，在北京服装学院人体工学实验室，让受试者上身保持裸体状态，下身着合体但几乎不产生任何压力的纯棉内裤，然后选择与体型特征相匹配号型的内衣测量客观压力。第二步，着装实验在北京服装学院人工气候室中进行，室温为(23±2)℃，相对湿度(65±2)%。每位受试者提前 30 min 进入实验室，使其身体及心理能够适应环境以减小客观压力和生理指标数据的实验误差。运动时外罩统一为宽松棉质运动服，先后作不穿及穿调整型内衣的对比实验。实验中受试者首先静坐在功率车上 2 min，心肺功能系统采集不加压力的基础生理数据，然后以 40 W 功率持续骑功率车 10 min，恢复静止，系统持续采集数据 1 min。该实验在每位受试者生理周期的前期进行，并且保证每位受试者每天的测量时间基本相同。同时，同一件塑身衣的 2 个不同扣位在同一天按照外扣位、内扣位的顺序进行实验，但不同的样衣则采取随机次序。受试者在实验前 2 h 吃饭，实验期间禁止进食进水，以保证数据准确性。对实验数据进行分析，结果表明：

(1) 服装压会影响生理指标的变化，如通气量、相对摄氧量、2 min 代谢当量、呼吸率、摄氧量、心率等都,会受到消极压力的影响。通过不同面料和号型样衣着装实验比较发现,内扣位比外扣位的影响更大,高腰塑裤比长腿塑裤对呼吸系统的影响更大。由此可知合体度和压力覆盖位置是影响生理舒适的重要因素。

(2) 通过数理统计分析,在实验前静止 2 min、运动 10 min 状态下分别提取主因子,发现各生理指标的变化与相应压力测试点之间存在相关性。静止时呼吸因子与腰部以上及胸部压力存在相关,心率因子与各点压力基本不相关;呼吸因子与前胸处受到的压力相关,运动时心率因子与前腰部压力相关。

2010 年卢业虎为了调查下肢着装压迫对皮肤血流的影响,选择五位健康的男研究生为受试者,以脚踝和小腿为研究对象,采用血压计对下肢交替加压(无压和有压)模拟着装压迫状态,测试受压部位的皮肤血流信号。主要从压力大小、姿势的影响、部位的差异三个方面比较了压迫引起的皮肤血流变化,结果指出:施加的压力在一定范围内,受压部位的皮肤血流量增加,且血流增量随压力的增加而变大;当压力超过某一临界值时,皮肤血流量增量开始减小,躺姿下的该临界值小于坐姿,而脚踝处的临界值比小腿处高;如果压力进一步增加,皮肤血流又会转而下降。

2012 年郭兆蓉等选用肩带可拆卸式的胸腰腹三合一束衣为研究对象,选择 6 名体型特征为胸部消瘦扁平、腰粗、腹凸的年龄在 25～30 岁的女性为受试者,具体测量的生理指标分别是皮肤温度、体核温度、脉搏、呼吸率。实验在人工气候室进行,实验分为运动前(状态①)与运动后(状态②在跑步机上以 7 km/h 的速率运动 10 min,休息 2 min 后)两个状态。分别测试不穿与穿着胸腰腹三合一束衣时的各项生理指标,且穿着塑身内衣时,搭扣是在中间位置。重复测量结束状态①和状态②后受试者的各项生理指标。通过对实验数据分析发现:穿着实验用胸腰腹三合一束衣与未穿时比较,当压力在3 370 Pa以下时,一定的压力会使皮肤表面温度升高,温度升高值与压力值成正比关系。当压力值大于或等于 3 743 Pa 时,过大的压力会阻碍血液流动,从而导致皮肤表面温度降低,且下降的温度与压力值也成正比关系。另外,穿着与不穿塑身内衣时,运动后人体温度有升高也有降低。除了压力因素影响外,主要由于个体存在差异,当测试者属易出汗体质时,运动后,汗液蒸发带走体内温度,导致体表温度降低;反之,测试者属不易出汗体质,穿着塑身内衣后,增强了保温效果,温度会有较小的升高。实验用塑身内衣大部分部位压力在 4 000～6 600 Pa。状态①,未穿与穿着塑身内衣各组体内温度都表现为降低;状态②,第一组温度有较小升高,其余两组温度同样表现为降低。分析其原因为,实验用胸腰腹三合一束衣整体压力较大,影响血液循环,从而导致体内温度降低,由于个体差异,运动不易出汗,且穿着塑身内衣后具有一定的保温作用,第一组实验在穿着塑身内衣运动后,温度有较小的升高。实验用胸腰腹三合一束衣的压力大多在 4 000～6 600 Pa,此区间压力会造成人体手指脉搏和呼吸率都有所升高,手指脉搏可代替人体心率,也意味着此区间压力会导致人体心率升高。运动前后手指脉搏和呼吸率都有所升高,且穿着塑身内衣运动后人体手指脉搏与呼吸率的变化都较没有穿塑身衣时大。这充分说明塑身内衣的压力对人体的心率和呼吸率有影响,且都造成上升的结果。结合以上胸腰腹三合一束衣压力对人体生理指标的影响,本研究还利用各部位不同压力的设计,提出新款胸腰腹三合一束衣的设计方案,使其在满足塑型目的的同时,既符合人体穿着舒适性又减少对生理影响的要求。

2012年尹玲从人体自身生理角度出发，从市面上购得三类塑身腹带——U类、Y类和Z类，进行塑身腹带的穿着实验，以人体皮肤受压时的电生理指标——心率变异和脑波为参量，系统、定量地研究着装皮肤压对心率变异和脑波变化的影响规律；在此基础上，依据人体的生理指标反馈，客观地确立着装压迫下人体腰腹部的着装皮肤压舒适性等级指标及舒适阈值，建立基于着装皮肤压、人体心率变异和脑波指标参数的着装压力舒适性的预测评判系统。通过对实验数据进行分析，得出以下结论：

(1) 不同部位施加渐增着装皮肤压(腹凸和腰侧)，相对于零皮肤压状态，各个指标的变化大体都呈现了大幅度的波折(下升或下降)—趋于平稳—小幅度的波折的态势。

(2) 当腹凸或腰侧着装皮肤压小于1.60 kPa时，着装皮肤压所引起的应激反应使迷走神经对心率的调控作用增大，副交感神经活动水平增强，心率降低，心脏供血量降低，心脏负荷减小。

(3) 腹凸部位着装皮肤压的舒适阈值为$SP \leqslant 1.60$ kPa。腰侧部位着装皮肤压的舒适阈值为$SP \leqslant 2.40$ kPa。

(4) 在相同的着装皮肤压下，腹凸部位的着装皮肤压使副交感神经系统占主导，而腰侧的着装皮肤压则激活了交感神经系统，使交感神经系统占主导。

(5) 对有显著性影响的心率变异(HRV)指标和脑电图(EEG)指标变量进行因子分析，得到表征着装皮肤压舒适性的两个因子:生理舒适性因子和心理舒适性因子；从生理学角度将腹凸和腰侧部位着装皮肤压($0 \leqslant SP \leqslant 3.99$ kPa)舒适性等级划分为3类:优、良、差。

(6) 以主受压区着装皮肤压、人体心率变异和脑波指标参数为响应变量，着装皮肤压舒适指数为预测变量，分别用BP神经网络、支持向量机(SVM)、随机森林(RF)三种方法建立了着装皮肤压舒适性的预测评判模型。三种模型的拟合效果用相关分析的方法作以验证，验证结果表明三种模型的拟合效果都很好。

(7) 与基础值相对照，穿着Y类，平均心率(mHR)、低频功率(LF)、规一化的低频功率(LFnorm)和低频高频功率比值(LF/HF)降低，相邻两个心博的平均值(mRR)、相邻两个心博高频功率差值的均方根值(RMSSDHF)、规一化的高频功率(HFnorm)增大，表明Y类的着装压力使受试者的心率降低，迷走神经对心率的调控作用增大，副交感神经活动水平增强；穿着U类，平均心率、LF、LFnorm、LF/HF增大，mRR、RMSSD、HF、HFnorm降低，表明U类产生的着装压力刺激了人体的交感神经系统，副交感表现为拮抗交感神经能力减弱；穿着Z类，LF/HF曲线基本呈水平，表明Z类的着装压力对人体的自主神经系统的影响很小。

(8) 三类腹带的局部着装压力与心率变异(HRV)指标变化量的相关分析表明:塑身腹带的着装压力对受试者HRV指标的影响主要是腹凸和腰侧部位的着装压力在起主导作用。

(9) 受试者穿着三类腹带，α波所占时间比例均呈现不同程度的降低，而β波、θ波、δ波所占时间比例均增大，表明在腹带着装压力的影响下，受试者处于感觉愉快、舒适的时间逐渐缩短，而处于紧张和不舒适状态的时间增加。三类腹带中，穿着U类时，相对基础值,优势脑波所占时间的变化幅度最大,说明 U 类的着装压力对受试者的神经生理的影响最大。

(10) 腹凸部位着装皮肤压舒适性支持向量机(SVM)预测模型具备良好的预测能力,预测能力在三种模型中最优;腰侧部位着装皮肤压舒适性随机森林(RF)预测模型具备良好的预测能力,预测能力在三种模型中最优。

2012 年苏州大学的陈金鳌从苏州大学体育学院学生志愿者中随机抽取年龄在 20~25 岁的普通男性青年 10 名作为受试者。选择 Skins™品牌中男性自行车运动员专用的梯度压缩式紧身运动长裤作为受试服装,选择 3M 公司的耐适康(Nexcare™)自黏性运动防护弹性绷带作为辅助外加紧身压迫装置,在瑞典 MANOEK 839E 功率车上,分别以下肢无紧身压迫、中度紧身压迫、高度紧身压迫状态完成中强度和大强度负荷的匀速踏蹬运动至疲劳测试,同步采集与记录股内侧肌、股外侧肌、股二头肌、腓肠肌内侧、胫骨前肌的表面肌电(sEMG)信号,并按运动时程将其分为 10 段,再对积分肌电(iEMG)和中频肌电(MF)指标数据进行标准化处理,最后采用双因素方差分析和事后多重比较检验考察各组实验数据间的差异。研究结果表示:

(1) 无紧身压迫下,下肢肌 iEMG(%)值在中强度和大强度负荷的踏蹬运动中后期总体表现出随时间延长逐渐增加的趋势;MF(%)值则在中强度和大强度负荷的踏蹬运动中后期总体表现出随时间延长逐渐降低的趋势;其中,大强度负荷中的 iEMG(%)值增长幅度和 MF(%)值降低幅度均高于中强度负荷。

(2) 中度紧身压迫下,在中强度负荷踏蹬运动相邻时段之间,下肢肌 iEMG(%)值总体增长幅度及 MF(%)值总体降低幅度均与无紧身压迫时无明显差异;在大强度负荷踏蹬运动后期,除腓肠肌内侧无明显差异外,股内侧肌、股外侧肌、股二头肌、胫骨前肌 iEMG(%)值总体增长幅度及 MF(%)值总体降低幅度均较无紧身压迫时有所下降。

(3) 高度紧身压迫下,在中强度负荷踏蹬运动后期,除腓肠肌内侧无明显差异外,股内侧肌、股外侧肌、股二头肌、胫骨前肌 iEMG(%)值总体增长幅度及 MF(%)值总体降低幅度均较无紧身压迫时有所下降;在大强度负荷踏蹬运动后期,除腓肠肌内侧无明显差异外,股内侧肌、股外侧肌、股二头肌、胫骨前肌 iEMG(%)值总体增长幅度及 MF(%)值总体降低幅度均较无紧身压迫时有所上升。

2013 年崔筝重点采用跨领域研究方法,将服装学和认知神经科学相结合,突破性采用事件相关电位技术,探索关联性负变(CNV)成分是否能够作为服装压力舒适性研究的有效指标和评价手段,考察服装压力对脑部电生理信号的影响,尤其是注意力保持的影响以及若服装压对注意力保持的影响存在,那么脑区活动产生了什么样的变化。为了达到研究目的,选取 20 名年龄在 20~25 岁的青年女性,BMI 值大于等于 23,教育水平相当(具体设定本科学历),右利手,智力正常,无色盲色弱,视力或矫正视力正常,身体健康,家族无精神疾病史,无长期服用咖啡、酒精或其他影响精神系统的药物或事物人员为受试者,有效数据为 16 名青年女性。选择的受试服为爱慕品牌的紧身胸衣,面料为 65%涤纶、35%棉,罩杯里料为 65%涤纶、45%棉,款式均为后系三列扣位款式(每列扣位间距 2.6 cm),仅在号型上有所差异。本研究所选择号型为 75B、75C、80B、80C、85B,并分别进行了两次压力主观评价测试，一次三维人体扫描和两组事发相关电位(ERPs)穿着实验。通过对实验数据的分析发现：

(1) 在 CNV 实验中，验证了 ERPs 技术作为服装压力舒适性客观心理评价方法的可行性；

(2) 穿着较强压力的调整型内衣对 CNV 的波幅产生了明显的影响，其波幅明显低于放松状态下的波幅，突出表现在 CNV 的晚期成分上。这表明青年女性在穿着较强压力的调整型内衣时注意力保持能力降低，并将心理资源过度耗费在与任务无关的刺激上，从而削弱了对任务的期待，导致精神运动缓慢；

(3) 穿着较强压力的调整型内衣对 P300 的潜伏期产生了明显的影响，其潜伏期明显高于放松状态下的潜伏期。这表明较强压力的调整型内衣分散了青年女性的注意力，导致其决策生成或运动加工时间延长。

2014 年高婕从人体工效学和生理学的角度出发，创新地以人体皮肤受压时公认的评判自主神经系统状态最好的生理指标——心率变异性为手段，研究不同篮球动作状态下女性穿着不同尺寸运动内衣的压力舒适性。选择 34 名年龄在 20～25 岁，体型符合女性标准体型 160/84A，身体健康(没有心律不齐等心血管疾病)的在校女大学生作为受试者，采用氨纶含量分别为 10%与 15%的两种锦/氨包芯纱面料，分别按照胸围 75 cm、71 cm、67 cm 制成 6 件短型工字背无缝式双层紧身弹力运动内衣(不带罩杯垫)作为实验用服装。首先受试者穿着该实验提供的宽松 T 恤和运动裤，由实验人员将心率传感带绑在人体下胸围附近(不接触样衣)，传感器会向心率表发送心率讯号，测量出无内衣压迫情况下的心率与心率变异指标数据。再将压力传感薄膜分别粘贴在受试者右侧上身的测试点位置上，按照 1# ～6# 的样衣顺序依次穿上每一件运动内衣，然后在自然静立、防守、传球、投篮、运球、上篮、跑步这 7 个运动状态下测试运动内衣对人体产生的压力以及心率与心率变异指标数据。通过因子分析获得了篮球运动状态下受服装压影响的生理指标变量的基本结构，再以相关分析得到与因子相关较强的测试点进而确定了代表每个运动状态的客观压力数据和生理变化的压力值测试点和生理指标，得到每个运动状态的生理指标变化规律。从中发现所有运动状态下胸部 BP 点和肩部侧颈点的压力值都能作为其客观压力数据的代表，平均心率(mHR)和相邻两个心博的平均值(mRR)都能作为心率变异(HRV)生理指标的代表。渐增服装压下生理指标变化规律：胸部受压在 0～2. 11 kPa，肩部受压在 0～2. 15 kPa 时，mHR 有大幅度的下降，而 mRR 有大幅度的上升；胸部受压在 2. 11～2. 13 kPa，肩部受压在 2. 15～2. 19 kPa 时，mHR 又开始逐步上升，而 mRR 逐步下降；胸部受压在 2. 13～2. 17 kPa，肩部受压在 2. 19～2. 31 kPa 时，mHR 和 mRR 呈现小幅度的上升和下降；胸部受压超过 2. 17 kPa，肩部受压超过 2. 31 kPa时，mHR 和 mRR 又开始显著地上升和下降。以上都说明利用心率和 HRV 指标来考察服装压力舒适性时，不可断定服装压的增大必然使其上升。渐增的服装压所引起的应激反应使交感和副交感神经活动平发生变化，从而使心脏供血量和心脏负荷发生变化，影响生理指标。经过相关测试点压力值和相关生理指标的多元回归和曲线估计分析后，总结归纳了全部状态下相关系数 R 较大、拟合效果较好的数学模型，从中得知静止直立对侧部和背部的压力影响较大；防守对胸部和肩部的压力影响较大；跑步对侧部腋下和胸部的压力影响较大。综合比较所有数学模型关系式，找出相关系数 R 最大、显著性水平最低、拟合优度最强的关系式作为求解 11 个生理指标舒适范围的最佳数学模型关系式，继而求得平均心率(mHR)、相邻两个心博的平均值(mRR)、最大心率与最小心率的比值(maxHR/minHR)、连续心率起伏(SD1)、心率波动频率(SD2)、相邻两个心博差值的均方根值(RMSSD)、高频功率(HF)、心动周期的通博变异(pNN50)、总功率(TP)、低频功率(LF)、低频高频功率比值(LF/HF)生理指标舒适范围分别为：96.12～96.95 bpm、634.43～638.52 ms、1.293～1.296、13.72～14.27 ms、75.82～77.11 ms、19.44～20.21 ms、126.18～148.02 ms^2、0.848～0.884、5 651.01～5 677.00 ms^2、502.38～505.95 ms^2、1 463.11%～1 519.92%。基于 BP 神经网络学习理论方法建立了不同着装压下生理指标舒适性预测模型，最佳关系式里各个测试点压力值作为输入层，相应的 11 个生理指标作为输出层，用含有一个隐含层的 BP 网络来逼近，该 10-12-11 三层结构的 BP 网络在有效性检验 6 次后，运行 13 次后，达到一个合适的样本误差值 0.049 8，相关性分析 BP 网络训练、确认、测试样本的预测输出和期望输出，总体 R= 0.803 51，说明了该网络预测模型的拟合效果较好，完成了多维压力值到多维生理指标数据的映射，显示出良好的生理指标舒适性预测的泛化能力和拟合能力。同时也表明了该 BP 神经网络预测模型对时域法和非线性法的 HRV 指标比对频域法的 HRV 指标有更好的泛化能力和拟合能力。

着装压力对人体生理的影响主要是通过服装生理学评价方法进行研究。该方法是通过人体穿着动、静态试验，测试比较身体的各项生理指标，主要包括心电图、血压、皮肤温度、口腔温度、心率、皮肤血流量、出汗率、尿等与着装前的差异，这些指标在一定程度上可用来衡量人的感觉对刺激做出的反应，因此可以间接地反应刺激的强度，定量地表达服装穿着压力舒适感。但以往的研究多是停留在定性地表达着装压与人体着装后的生理指标变量的相关性，并且主要是其中一项或两项生理指标与着装压之间的简单关系研究。

六、生物力学模型建立

近年，许多学者运用弹性力学、有限元法等，试图建立一定的服装压力分析理论模型，为压力舒适性的广泛应用奠定坚实的理论基础。

基于人体和服装之间的接触特点及动态接触力学理论，张欣(Zhang Xin)等使用有限元方法创建了一个力学模型，该模型被用来对穿着过程中服装产生的动态压力进行数学模拟。在该模型中，服装被看作为几何非线性的弹性壳体，人体则被看作为刚体，人体与服装之间的接触被看作为动态滑移界面。基于该模型，张欣(Zhang Xin)等建立了用来描述人体和服装间的接触力学模型、构建方程以及动量平衡的一系列的三维力学模型。通过定义服装及三维人体的材料属性、单元类型、初始条件和边界条件后，该模型可用来计算在穿着过程中紧身服装的压力分布变化、服装的应力-应变动态分布及变化、软组织和皮肤的应力应变动态分布及变化。

李毅(Li Yi)等为了研究女体的胸部和胸罩间的动力学接触关系而建立了女体三维生物力学模型，在该模型中，女体胸部被认为是弹性的，而躯体则被认为是刚性的，胸罩被认为是几何非线性和材料线性，胸罩与女体之间的接触被看作是动态滑移界面。研究应用有限元分析法，通过计算得到了动态接触模拟结果。将同类文献所报道测量的服装压力值与该模拟结果相比较发现，该模拟结果具有较好的预测性。将该模型与以往的人体模型相比，该模型将女体的胸部考虑为弹性体，其他部位看作为刚性体，这突破了以往模型将女体全部看作为刚性人体的局限。

余(Yu)等采用硅胶模拟人体的皮肤，氨纶泡沫模拟人体软组织，增强玻璃纤维模拟人体的骨骼，制作了用于研究服装压力的软体假人模型，并使用9个不同型号的束身紧身衣作为研究对象，分别测量紧身衣在真实人体和假人上的服装压力，并对两组数据进行了比较和关联。

杨(Yeung)等为了克服以往建立的人体模型的局限性，以弹性力学的薄膜大变形作为研究理论，基于三维人体几何模型，建立了用于描述人体和服装动态平衡的三维力学模型。该研究通过定义服装和三维人体的材料力学属性、数字结构、接触力学模型以及边界条件，提出了一种几何非线性数学模型用来模拟人体在穿着过程中的动态服装压力分布。该模型模拟了紧身裤从腰到脚的的穿着过程，研究结果表明该模型能较为全面地描述服装变形、人体变形以及由皮肤变形而导致皮肤内部出现等一系列动态接触面的力学接触。但由于仍有一定的差距存在于该模型与实际的穿着过程中，并且该模型的计算过程比较复杂，需要借助计算机的强大运算功能才能完成，所以推广该模型的实际应用还是具有一定困难的。

石丸(Ishimaru)等为了在不做出真实衣服的情况下，仅仅是通过织物的实验拉伸性能来预测服装压力的大小，建立了一个有限元计算模型，该数值模型包含有一个超弹性壳体和一个衍架模型。在这个研究中，石丸(Ishimaru)等以裤子为研究对象，做了一个示例，研究表明使用该有限元模型计算获得的服装压力值与实际测量值较为接近。

2011年江南大学的覃蕊从服装生理卫生学、服装生物力学以及人体工程学角度出发，通过三维人体扫描，确立袜口处腿部标准截面形态、截面曲线方程及曲线周长，并将人体视为弹性体，腿部与袜口之间的接触视为弹性接触，并假设男短袜袜口处人体腿部截面是各向同性的线弹性体，在受压后，其变形规律遵循胡克定律，假设袜口材料各处均为各向同性。腿截面与袜口处在接触过程中的摩擦忽略不计，在穿着短袜的过程中，袜口各处拉伸均匀，人体在受压过程中，皮肤与软组织的压缩过程是同步的，即具有相同的位移，并且在压缩过程中，软组织与骨头之间没有因为受压而产生相互渗透的现象。同时结合袜口处人体腿部构造、骨骼的位置、形状及皮肤、软组织的厚度、弹性模量和泊松比，采用有限元软件，建立了男短袜袜口处腿截面的有限元模型，如图4-6所示，基于该腿截面有限元模型，对袜口处压力分布情况进行模拟分析，得出了压力与位移以及袜口材料物理性能之间的函数关系，并以此为基础建立了袜口处压力预测的数学模型。经验证，此模型与实际测量结果吻合度良好，可以对服装压力的预测提供理论依据。

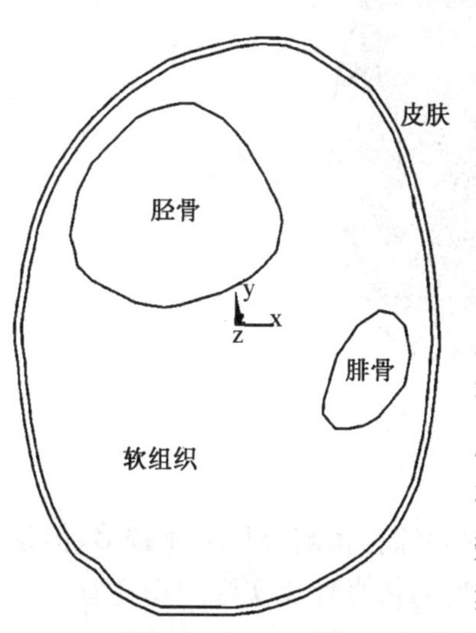

图4-6　男短袜袜口处腿截面的有限元模型

2012年江南大学的刘红以25名年龄在22～25

岁，体型极其接近160/84A的健康女性为受试者，采用德国TECMATH公司生产的非接触式三维人体激光扫描仪进行女体数据采集，截取25名受试者过BP点的胸围截面曲线。在所截胸围截面曲线中，以5°定一个点，每个胸围截面曲线上，共定有72个点，通过MATLAB 7.0编程获得女体胸围截面曲线上点的坐标。基于所有女体胸围截面曲线上点的平均坐标值，重建标准女体胸围截面曲线，并采用Origin 7.5软件对标准女体胸围截面曲线进行拟合，求解曲线方程。考虑到女体胸围截面的真实构造，参照中国可视化女体断层照片及医学资料，编程、计算获得所要建立的标准女体胸围截面模型中软组织层及骨骼层曲线上各对应点的坐标。将各点坐标输入到有限元软件中，创建标准女体胸围截面皮肤层、软组织层及骨骼层面。通过布尔运算中的减运算及粘接运算，将这三个面分成相互独立，但在边界上相连接的面，获得标准女体胸围截面有限元的实体模型。再分别为皮肤层、软组织层和骨骼层面设置单元类型和材料属性，并采用智能网格划分水平来划分该实体模型，最终建立了一个包含皮肤层、软组织层及骨骼层的标准女体胸围截面有限元模型，该模型如图4-7所示。基于已建的标准女体胸围截面有限元模型，对穿着弹力运动背心后，胸围一周所受的服装压力进行分析，计算受压后的标准女体胸围截面有限元模型皮肤层曲线上的点的坐标值。采用ORIGIN 7.5软件对受压后胸围截面皮肤层的曲线进行了曲线拟合，整个胸围一周被拟合成6段不同的曲线段，应用MATLAB 7.0软件编程计算出每段线段的长度，加和求出穿着后背心的胸围围度尺寸。再求出穿着后弹力运动背心的胸围拉伸率，将女体胸部服装压力、面料弹性模量及服装胸围拉伸率三者进行关联，建立三者之间的数学模型，用于计算计算穿着后背心的胸部服装压力。通过验证发现，计算得到的服装压力值与测量得到的服装压力值非常相近。

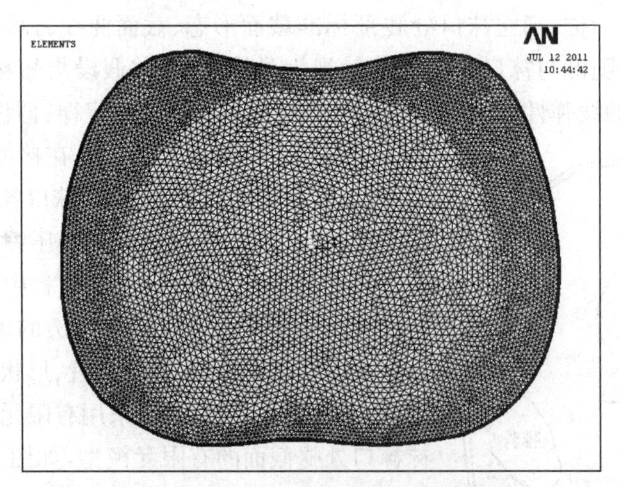

图4-7 标准女体胸围截面的有限元模型

近期，对服装压力舒适性的研究在虚拟模型的建立和综合预测分析上比较多，但是在虚拟模型建立方面，因为有诸多边界条件的限制，模型的仿真性离实际应用还有一段的距离，因此，还需要建立起更加接近实际情况的高仿真受力模型，为人体着装时的服装压力进行受力分析提供一个技术平台。

任务三　服装压力测量技术的评价方法

一、主观评价法

(一) 主观评价法的注意事项

服装压感舒适性的主观评价法是用于研究服装压力舒适性的重要方法之一。主观评价法同时也被称之为感官评价法，该方法是以人的主观感觉为依据，按照服装压力舒适性的定义，使用人的感官来作为检查工具，进而完成对服装穿着感觉的鉴别和测量。影响服装舒适性的大量因素是服装和外部环境的刺激，通过多渠道的感觉反应与人脑联系起来所形成的。服装压力舒适性的主观评价也是一个复杂的过程，不同的受试者的输出心理和生理物理量是具有一定差别的，因此，对于具有同样压力舒适性的服装，不同的受试者在心理和生理上的反映却可能是不同的。主观评价注意事项如下：

(1) 主观评价测试者的主观公正性。

(2) 每个人的习惯、喜好、经历等各方面都会存在不同，这会造成每个人对同样事物会有不同的主观感受，因此，要想获得公正的主观评价，需要进行大量的测试值。

(3) 因为个体主观感受的差异，所以对获得的主观评价数据进行分析难度较大。在对测量数据统计分析时，应将心理学定律、实验技术和数学方法结合起来进行分析。

(4) 主观评价所获取的数据具有不一致性，因为个人的反应受到大量心理、生理、社会及环境因素的影响。

尽管主观评价技术具有一定的不确定性，但是这种方法能够解决客观测量所不能解决的许多问题，可以比较公正地反映出着装人体对服装的真实感受，因此在服装舒适性的研究领域被广泛应用。

主观评价应包含以下六个因素：

(1) 一个或一组评定属性。

(2) 属性的相关描述。

(3) 属性的等级评价范围。

(4) 属性的定量表征。

(5) 相应的数据处理。

(6) 主观评价等级和客观测量的结果相比较。

(二) 主观评价的理论基础

主观评价的主要依据是心理物理学中比较有影响的三个定律。

1. Weber 定律

1834 年，Ernst Weber 提出了 Weber 定律，即刺激阈限(刚刚能注意到的差异)与刺激信号 S_p 成比例，如公式(4-3)所示。

$$\Delta S_p / S_p = K \tag{4-3}$$

式中：ΔS_p——刺激阈限；

S_p——物理刺激量值即刺激信号；

K——人察觉刺激且辨别感觉能量的常数。

2. Stevens 指数定律

1953 年，Stevens 发明了一种量值估算法，作为研究主观感觉强度与物理刺激强度间关系的实验程序，即 Stevens 指数定律，如公式(4-4)所示。

$$R_s = a \cdot S_p^b \tag{4-4}$$

式中：a——比例因子；

b——刺激属性的指数特征；

R_s——感觉量值；

S_p——物理刺激量值。

3. Fechner 定律

1860 年，Fechner 提出使用“刚刚能注意到的差异”作为单位测量心理感觉，Fechner 假设感觉量值 R_s 随物理刺激量值 S_p 的对数的增加而增加，即 Fechner 定律，如公式(4-5)所示。

$$R_s = K\log S_p \tag{4-5}$$

式中：S_p——物理刺激量值；

R_s——感觉量值；

K——由刺激阈限决定的比例常数。

(三) 常用的测量标尺

常用的心理学标尺有很多，例如 Hollies 四级标尺、Hollies 五级标尺、Hollies 主观舒适评分表以及 Fritz 的语义差异标尺等。

1. Hollies 四级标尺

在 Hollies 四级标尺中，分别用数字“1、2、3、4”表示的舒适范围是“全部的、明确的、适度的、局部的”。

2. Hollies 五级标尺

Hollies 五级标尺中，分别用数字“1、2、3、4、5”表示舒适的等级是“完全不舒适、不舒适、舒适、较舒适和完全舒适”。

3. Hollies 主观舒适评分表

Hollies 对服装舒适性心理学标尺进行了进一步的研究，在恒温恒湿的实验室内进行着装实验时，使用了主观舒适评分表，该评分表是在 Hollies 五级标尺的基础上进一步细化而得到的。进行着装测试时，受试者每隔一定时间就要对表中所使用的感觉术语进行舒适程度的评分，评分标准按照 Hollies 五级标尺中的分值进行。Hollies 主观舒适评分表的形式见表 4-3，表中 A1～An 表示舒适性术语；评分值按 Hollies 五级标尺分值填写，分别用数字“1、2、3、4、5”表示舒适的等级是“完全不舒适、不舒适、舒适、较舒适和完全舒适”。

4. Fritz 的语义差异标尺

在服装舒适性主观评价过程中，语义差异标尺也是非常常用的。语义差异标尺是由一系列的两极比例尺所组成的，每一个标尺都是由一对反义词或一个极端词加一个中性词组成，在两词的中间，加入五级或七级程度比例尺。最著名的语义差异标尺是 Fritz 的语义差异标尺，如表 4-4 所示，最左列和最右列是一对反义词或一个极端词加一个中性词，中间分成五级或七级，两端表示两极，中间表示处于两极的中间程度。

表 4-3　主观舒适评分表

舒适性评价术语	进行测试时的时间间隔(min)					
	0	30	60	90	120	……
A1						
……						
A*n*						

表 4-4　Fritz 的语义差异标尺

感觉特征	极值	非常	一定程度	二者都不	一定程度	非常	极值	感觉特征
柔软	3	2	1	0	1	2	3	毛糙
光滑	3	2	1	0	1	2	3	粗糙
凉爽	3	2	1	0	1	2	3	热
轻	3	2	1	0	1	2	3	重
细	3	2	1	0	1	2	3	粗
脆	3	2	1	0	1	2	3	柔韧
油腻	3	2	1	0	1	2	3	吸湿
天然	3	2	1	0	1	2	3	人造
极薄	3	2	1	0	1	2	3	蓬松
紧贴	3	2	1	0	1	2	3	飘扬
易碎	3	2	1	0	1	2	3	弹性
花	3	2	1	0	1	2	3	素
悬垂好	3	2	1	0	1	2	3	刚硬
瘙痒	3	2	1	0	1	2	3	柔滑
硬挺	3	2	1	0	1	2	3	柔软

二、客观测量法

服装压力的测量，是服装压力舒适性客观评定的依据和基础。当人体处于着装状态时，上衣的压力集中在肩膀上，下装则集中在腰线上，重量压会带给身体额外的负荷。当服装绷紧在人体表面时，面料会产生变形以适应人体型变及姿势的变化，面料变形产生

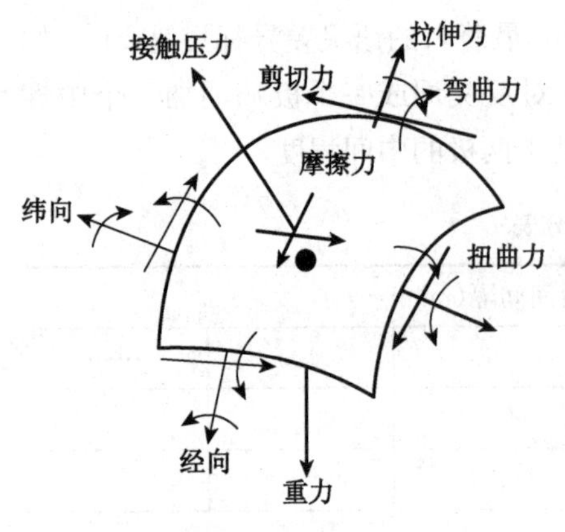

图 4-8　面料变形产生的内应力

的内应力包括拉伸、剪切和弯曲等应力，如图 4-8 所示。这些力的合力在接触面上会对人体产生压迫，即为着装压力，其中拉伸应力一般最大，影响也是最主要的。着装压力在大多数情况下表现为集束压（束缚压）。

着装压力常用的单位有 kPa、Pa。除了这几个常用的单位之外，还有 kgf/cm^2、bar、atm 等用的不多的单位，为了方便换算，它们之间的转换关系参照表 4-5。

表 4-5　压力单位换算表

压力单位	牛顿/米²（N/m^2）帕斯卡（Pa）	毫米水银柱（mmHg）	巴（bar）	标准大气压（atm）	公斤力/厘米²（kgf/cm^2）
1 Pa	1	$7.500\,62\times10^{-3}$	1×10^{-5}	$0.986\,923\times10^{-5}$	$10.197\,2\times10^{-6}$
1 mmHg	133.322	1	0.001 333 22	0.001 315 79	0.001 359 51
1 bar	1×10^5	750.061	1	0.986 923	1.019 72
1 atm	$1.013\,25\times10^5$	760	1.013 25	1	1.033 23
1 kgf/cm^2	98 066.5	735.559	0.980 665	0.967 841	1

着装压力的客观测量方法有间接测量法与直接测量法之分。

（一）间接测量法

间接测量法有拱压法（复模法）、软体假人法和理论计算法等。

1. 拱压法（复模法）

拱压法（复模法）是用石膏或合成树脂，做成模拟肘、膝部等部位的凸起模型，在起拱处打孔，贴置压强传感器，测定衣服对凸起部位的压强。

该方法中常见的是石膏法，石膏法就是用石膏做测定部位的模型，模型的顶部要做的平一点，然后打孔，粘贴感压器材，测定模型上的衣服施加的压力。石膏法的顺序是，首先在不用测量服装压的部位盖上弹性锦纶罩，并用圆形盖章法或直接用手做记号，然后在上面贴石膏做模型，这种做法可以在桌子上再现受垂直压力的人体表面的形状，这时，在石膏模型上也用圆形图章做记号。为了测定垂直压力，桌子上放平测定部位的模型，贴感压器材，软线，绝缘电线从模型内部引到外边。剪掉前述弹性锦纶布上盖章得部分，盖在石膏上面，对准石膏和布的盖章部分，这样做，布就会在石膏上面向四面拉长，可以再现人体表面产生服装压力的状态。垂直压力可以用感压器材测定。这种方法可以测出接近穿衣时的自然服装压强值，但是不能进行连续动作时的服装压力的测试，不能根据测定目的或条件直接使用，还必须在衣服上做记号并剪断，并且石膏模型制作比较麻烦。

2. 软体假人法

在压力测试过程中，实验室环境、温度、湿度、人的呼吸以及一些生理指标的微小变化都可能导致压力值的改变，因此，在各项指标都与真人相似的软体假人上进行压力测试，可以有效地避免外界环境条件对压力变化的干扰。另外，用假人进行压力测量还可以解决直接在真人身上进行服装压力测量耗时、耗力、成本昂贵的缺陷。

用软体假人代替真人进行压力测试，其前提是假人的材料与人体皮肤及软组织的弹性模量、厚度等指标相似。目前，高分子弹性体已广泛应用于医疗卫生领域，并用于模拟人体组织和器官。为了更好地模拟人体组织，在软体假人表面使用的材料需要具有良好的拉伸弹性、压缩弹性和折痕回复性能。1979 年诺曼（Norman）等人采用假人模型进行了压力预测，该模型由骨骼、软组织和皮肤组成，根据人体各部位的弹性模量，选取性能指标都与人体接近的聚氨酯泡沫制成了人体软组织，皮肤材料选用了硅橡胶。在研究过程中，分别测试服装穿着在人体以及假人上的压力值，并比较了两者之间的线性关系及差异性。山田（Yamada）和范金土（Fan Jintu）等学者已经发明并制作了软体假人并用于预测服装压。2003 年陈东生（Chen Dongsheng）等人选择了六款假人进行男士西装压力实验，实验过程中，选择了正常站立和运动姿势，并将假人测试与真人测试结果进行比较。结果表明，用假人取代真人进行实验，假人的压缩性、材料构成、尺寸及测试时假人的姿势都是应该考虑的问题。2004 年余（Yu）等人建立了用于服装压力舒适性研究的软体假人模型。在研究过程中，用石膏法对人体取模，并分别采用适当的材料模拟了人体骨骼、软组织和皮肤。2005 年范金土（Fan Jintu）等人运用软体假人模型代替真人穿着腹带的方法预测了腹带的压力分布情况，实验表明，该模型具有较好的预测性，现在，这个模型已广泛应用于模拟紧身衣的压力分布测试。然而，软体假人在实际应用中也存在一定的缺陷，斯旺顿（Swantko）等人以男短袜为研究对象，通过压力测试仪器分别测量了袜子穿着在人脚上以及穿着在脚模型上的压力，结果表明，袜子在人脚上的压力比在脚模型上的压力要小。因此，我们在研制软体假人时，还需不断改进假人的制作材料，使其在模拟人体皮肤及软组织构造时更接近于人体的真实状况。

3. 理论计算法

理论运算法多以待测部位的人体模型建立为基础，通常是先建立待测部位的人体模型，进而通过建立数学建模进行压力运算。

（1）将人体视为刚体的运算。

目前，国内外关于服装压力理论算法的研究大多数都将人体视为刚性体，将服装视为可变形的弹性薄膜，将人体型态和服装结构通过三维方式表示出来，通过定义服装材料的力学属性以及服装与人体接触时的力学模型，计算出服装与人体相互作用时产生的应力应变关系。

1966 年，柯克（Kirk）和亚伯拉罕（Ibrahim）研究认为，当人体穿着服装处于不同姿势和运动状态时，服装面料会产生纵向、横向和斜向的拉伸变形。假定人体着装后服装面料上某一特定点在水平方向和垂直方向的曲率半径分别为 R_H、R_V（cm），织物在水平方向和垂直方向的拉伸力分别为 T_H、T_V（N/cm），根据弹性力学的本构方程和力的合成可知，该点的服装压力可采用公式（4-6）计算。

$$P = T_H/R_H + T_V/R_V \tag{4-6}$$

式中：P——人体着装后服装面料上某一特定点的服装压力；

T——在 Instron 万能材料试验机上相同应变测量得到的拉伸力；

R——人体某一特定点的曲率半径；

H——水平方向；

V——垂直方向。

服装面料随着人体运动而产生的拉伸变形可先用仪器测量出织物在拉伸状态下水平方向和垂直方向分别对应的伸长率 N_H 和 N_V，再通过拉伸变形曲线图读出对应于 N_H 和 N_V 的水平方向和垂直方向的拉伸力 T_H 和 T_V。人体的曲率半径可采用吉村法测定。图 4-9 为曲率半径测定仪，其中，h 为待测点的凸起高度，φ 表示量具的作用半径，根据公式(4-7)可求出待测点在经纬方向的曲率半径 r_1 和 r_2，然后可通过公式(4-6)计算求出该部位的服装压。

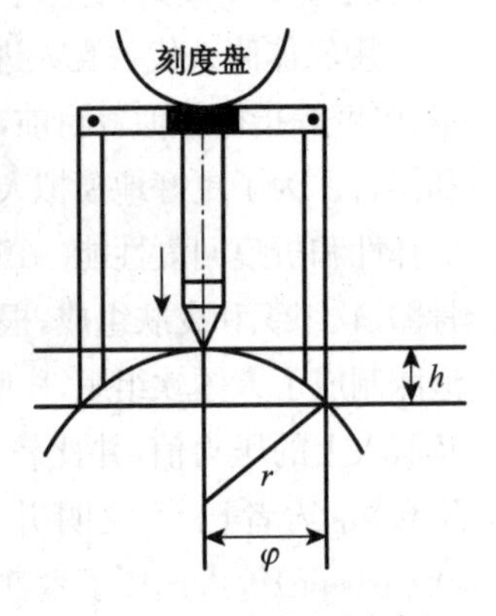

图 4-9　曲率半径测试仪

$$r = 0.5(\varphi^2 + h^2)/h \tag{4-7}$$

式中：r——人体某一特定点的曲率半径；

h——待测点的凸起高度；

φ——量具的作用半径。

1986 年，长谷川(Hasegawa)和石川(Ishikawa)等人基于球形原理针对弹性服装提出了着装压力的另一个计算公式，如公式(4-8)所示。

$$P = T_H K_H + T_V K_V \tag{4-8}$$

式中：P——服装压力；

T——弹性面料单位长度的拉伸力；

H——人体上被测部位的水平方向；

V——人体上被测部位的垂直方向；

K——被测部位水平和垂直方向的曲率。

K 的计算公式如公式(4-9)所示。

$$K = \frac{2h}{h^2 + \left(\frac{\varphi^2}{2}\right)^2} \tag{4-9}$$

式中：K——被测部位水平和垂直方向的曲率；

φ——被测部位的宽度；

h——被测部位的厚度。

研究表明：用该计算公式算得的压力与实测值大致接近，但由于人体体型本身的复杂性，动静态下皮肤的曲率都不尽相同，造成不同接触部位的身体曲率难以准确测量。

1998 年张欣(Zhang Xin)等在已建立的三维人体几何模型的基础上，建立了人体在受力过程中的一系列三维力学模型，并探讨了人体及服装的动量平衡、建构方程和接触力学模型。在该研究中，人体被视为刚性体，服装被视为弹性薄膜，人体型态和服装结构通过三维表示，通过定义实验用服装面料的物理力学性能，以及服装与人体接触时的初始条件和边界条件,可以计算出服装与人体相互作用时产生的应力应变关系。1995年沈大齐等进行了医用弹力袜的压力研究,并指出适当的压力能预防和治疗下肢静脉曲张,并据此研究了人体腿周长、线圈周长和袜筒压的关系,并得出了三者的三元回归方程,应用此方程,在测得患者足靴区的周长后,便可求出线圈长度,并进行弹力袜的设计和改良。李毅(Li Yi)等人设计开发了一种力学模型,以运动文胸为研究对象,探讨了穿着运动文胸时的压力、应力及应变分布规律,实践证明,该模型对于服装压力分布具有较好的预测能力。2001年罗笑南等人提出了人体穿着紧身内衣后压力分布的计算模型。该模型将人体视为刚性体,服装视为弹性薄膜,以薄膜大变形原理为理论基础,首先计算出人体穿着内衣后内衣上一系列点由于拉伸变形而产生的应力,再根据弹性力学的最小位能原理、拉格朗日乘数法得出紧身内衣对人体的压力分布情况。2002年张欣等根据人体和服装接触时的力学特性,在动态接触力学理论基础上建立了几何非线性数学模型,模拟人体穿着紧身服装时,在运动过程中的动态服装压力分布,该模型将人体视为刚性体,能够较为准确地预测人体在运动过程中服装与人体之间的动态力学行为。

2006年西安工程大学的韩红爽等建立了人体胸腰部的截面物理模型,利用Methmatica软件得出椭圆截面上接触点的数学表达式,代入公式(4-10)得到了椭圆上某特征点服装压力与曲率半径及织物拉伸力之间的关系,通过物理模型建立服装压力与织物拉伸力关系的数学模型。胸腰部的人体皮肤表面压强 $p(a, b, \theta)$(θ 为椭圆方程角度参数)与单位宽度织物拉伸力 T 的关系式如公式(4-10)所示。

$$T = p(a, b, \theta) \times R(a, b, \theta) = p(a, b, \theta) \times \left(\frac{a^2\cos^2\theta + b^2\sin^2\theta}{ab}\right)^{\frac{3}{2}} \quad (4-10)$$

当 $\theta = (\pi/2, 3\pi/2)$ 时,$T = (a, b, \theta) \times b^2/a$,即代表腰围两侧侧缝部位服装压力与织物拉伸力关系。

其中:T—— 单位宽度织物的拉伸力;

$p(a, b, \theta)$—— 皮肤表面的压强;

a—— 腰部椭圆模型的长轴长;

b—— 腰部椭圆模型的短轴长。

(2) 将人体视为弹性体的运算。

实际上,人体是一个有弹性模量和密度的弹性体,因此,将人体作为刚性体建立模型来计算服装压力无法真实地模拟服装和人体之间的压力作用。近年来,很多专家学者将人体看作为弹性体,人体与服装之间的接触看作为弹性接触,建立模型用以计算服装压力值。目前,将人体视为弹性体计算服装压力值的方法主要有迭代法和有限元法。

① 迭代法。

迭代法也称辗转法,其过程是不断用变量的旧值递推新值。它利用计算机对一组指令重复执行,在每次执行这组指令时,都从变量的原值推出它的一个新值。

2005年王建民等人采用新的几何插值体积细分方法研究了弹性体的变形以及服装压力分布,该模型运用六面体网格模拟着装后的人体变形,然后通过迭代法整合为反映服装和人体之间迭代关系的拉氏函数动态方程,最后通过人体的变形特征来计算压力分布，该方法能够较为准确地预测紧身衣的压力分布情况，为动态和静态建模提供了一种可行的方法，对功能性服装产品的生物力学设计具有重要作用。

② 有限元法。

有限元法是随着电子计算机的发展而迅速发展起来的一种现代计算方法。

早在20世纪40年代初期就已经有人提出了有限元法的基本思想，但在当时并没有引起到人们的足够注意和重视。到了50年代，因为工程上的一些需要，尤其是高速电子计算机的发明和使用，使得有限元方法在结构分析矩阵法应用的基础上迅速地发展起来，并且得到越来越广泛的应用。美国的克拉夫在1960年时首先提出了“有限元法”这一名称。

有限元法从20世纪60年代开始应用到现在，它的应用范围已经越来越广，已经从杆、梁类的结构问题扩展到了弹性力学的平面问题、板壳问题及空间问题；从静力平衡问题扩展到了动力问题、波动问题以及稳定问题；从固体力学领域扩展到流体力学、连续介质力学及传热学等多个领域。分析的对象也从弹性材料扩展到了黏弹性、黏塑性、塑性以及复合材料等。

有限元法综合了现代数学、计算方法、力学理论及计算机技术等学科的最新知识，是一种发展起来的新兴技术。在工程分析的作用中有限元方法已经从分析、校核扩展到了优化设计方面，并且与计算机辅助设计的技术进行了结合。可以预测，伴随着现代计算数学、计算机技术及力学等学科的发展，有限元方法必将作为一个有着巩固的理论基础并能广泛应用到各个领域的数值分析工具，得到进一步的发展及完善，在科学技术与国民经济建设中发挥出更大的作用。

目前最流行的有限元分析软件有ANSYS、ADINA、ABAQUS、MSC四种，其中ADINA、ABAQUS在非线性分析方面有较强的能力。

ANSYS(Analysis System)软件是通用有限元软件中的一种，是由美国ANSYS公司研制开发的目前应用广泛的有限元工程分析软件。ANSYS所能涉及的领域广泛，包括结构学、声学、热学、电磁场、流体学等学科。在铁路、汽车交通、造船、航空航天、水利水电、地矿土木、轻工、电子、日用家电、机械制造、国防军工、石油化工、生物医学、能源、核工业等领域均有广泛的应用。ANSYS主要能够提供八种类型的分析，包括结构静力学分析、结构动力学分析、结构屈曲分析、热力学分析、电磁场分析、流体动力学分析、压电分析和声场分析。

ANSYS是一种高效的有限元分析软件，它的主要特点是用户界面好，前处理、后处理、数据分析以及图形显示功能完善。该软件的材料模型库、单元类型库和求解器丰富完善，能够保证其高效、准确地处理各类结构中的静力、动力、线性和非线性问题，以及温度场、散热场和多场藕合问题。ANSYS拥有完全交互式的前、后处理器和图形显示系统，使用户在创建和生成有限元模型时更加简便易行，并能大大缩短数据分析、处理和评价过程的时间。ANSYS的数据库具有集中和统一的特点，能够保证系统内各模块之间灵活和可靠的集成，软件中的DDA模块使系统能够与多个CAD软件产品有效连接，从而大大简化了有限元模型创建的过程，它的并行处理技术使数据分析、处理的效率得到了极大提高。

2003年李毅等人建立了女体三维生物力学模型，以研究女性胸部与胸罩之间的动态力学接触，该模型将胸部视为弹性体，躯体视为刚性体，用有限元法研究了运动过程中人体和胸罩之间的动态接触，获得了动态接触模拟结果，具有很好的预测性。

2008年模玛雅(Mirjalili)等人提出了运用有限元预测压力分布的方法，他采用

ANSYS9.0软件分别对弹性服装和人体接触部位进行分析建模，再用仪器对各点压力值进行测试发现，仪器测试和有限元分析后得到的压力分布数值最大误差为7%，可视为对压力具有较好的预测性。实验的弊端是没有考虑到服装与人体之间的摩擦对压力的影响。

2011年江南大学的覃蕊考虑到人体与服装之间的压力研究是服装优化设计的关键，选取了年龄在20～25岁的标准体型的健康男性大学生50人作为受试者，从服装生理卫生学、服装生物力学以及人体工程学角度出发，通过三维人体扫描，确立短袜袜口处足颈部标准截面形态、截面曲线方程及曲线周长。并将人体视为弹性体，足颈部与袜口之间的接触视为弹性接触，结合袜口处人体足颈部构造、骨骼的位置、形状及皮肤、软组织的厚度、弹性模量和泊松比，尝试性地使用有限元软件ANSYS对袜口处压力分布情况进行模拟分析，得到足颈截面上各点压力与体表位移之间的函数关系。同时将足颈截面按照角度等分为四个区域，根据各点位移计算出腿截面各区域的总面积缩量，为袜口处优化设计提供了理论参考。考虑到实际生活中人们穿着短袜时有大部分时间是在行走和运动的，该研究还探讨了人体穿着短袜时的动态压力。研究将动态压力分为两部分，分别为随时间变化的压力以及人体在行走过程中的压力。其中，随时间变化的压力设定了12 h的时长，行走过程分为四个阶段，通过测量不同时间段以及不同动作下穿着短袜后的袜口压力，运用有限元软件进行模拟分析，探讨了袜口处压力及位移随时间和动作的变化趋势。研究最终分析得出了压力与位移以及袜口材料物理性能之间的函数关系，并以此为基础建立了袜口处压力预测的数学模型，经验证，此模型与实际测量结果吻合度良好，可以对服装压力的预测提供理论依据。

2012年江南大学的刘红以弹性运动背心为研究对象，考虑到对于弹力运动背心的尺寸设计来说，胸围尺寸是其他部位尺寸设计的基础，胸围尺寸过大，弹力运动背心太宽松，达不到提升运动和体现人体曲线美的功效，胸围尺寸过小，整个服装会过于紧身，造成压力过大。因此，本研究将人体视为弹性体，考虑到弹力运动背心对女体胸围一周施压后，女体胸围会产生变形，使用有限元法能够较准确地描述弹性体的变形程度，因此采用有限元法研究服装与人体的接触变形，建立了包含皮肤层、软组织层及骨骼层的标准女体胸围截面有限元模型。基于该有限元模型，对弹力运动背心胸围一周的服装压力进行分析，建立胸部服装压力预测的数学模型，通过验证，由该数学模型计算得到的胸部服装压力值与实际测量值非常接近。该研究以此数学模型为基础将弹力运动背心胸部服装压力的舒适范围转换为压感舒适的弹力运动背心的胸围拉伸率范围，为压感舒适的弹力运动背心及其他种类的紧身服装的胸围尺寸设计提供更为科学的依据，以设计出更加人性化、更加舒适的紧身服装。合理的运用这些研究数据，对指导企业设计和生产服装具有非常重要的意义，可以增加服装企业的竞争力。

（二）直接测量法

服装压力舒适性客观测量法中的直接测量靠采用客观的服装压力测量装置来直接测量服装压力值，该方法的优点是实验数据是采用服装压力测量装置进行直接测量而得到的，简单方便，且不受人的主观因素影响，可靠性比较高，该方法的缺点就是评价手段太过机械化，没有考虑人的主观评价因素。

服装业发达的国家从20世纪初开始致力于服装压力测试装置的研究，经过许多专家学者的努力，到目前为止，已经出现了多种压力测试装置，主要有液压式压力测试装置、应变片式传感器压力测试装置、气压式压力测试装置、弹性光纤压力测试系统、Flexiforce压力测试系统等。

1. 液压式压力测试装置

液压式压力测试装置指的是用水压力计或水银压力计测量服装压力值。该装置的感压部位是一个接触面积为20 cm^2左右的扁平的椭圆状的橡皮球，橡皮球一端连接的是橡皮管，而另外一端连接的是斜面水银压力计或者是U型水银压力计，液压式压力测试装置如图4-10所示。液压式压力测试装置的原理是内置空气的感压部件受到压力作用后，使管内的空气压强与大气产生了一定的差值，然后读取单管内水柱或者是水银柱的高度变化或是U型管两侧出现的高度差值，就得到了测量的服装压力值。该测试装置的优点就是该方法简便直接，缺点就是该装置的感压部件橡皮球的内容积和厚度过大，当测量人体曲率半径较小的部位时，会出现一定的难度，当测量紧身胸衣和有伸缩性的内衣等压力比较大的衣服时，过大的感压部件会使服装出现变形情况，影响了压力测量的精确度。另外，还需注意的是，该装置在测试压力前，应先打开送气用气囊的橡皮管和橡皮球连接处的阀门，使得送气气囊能对水银管充气，以对仪器进行调零。

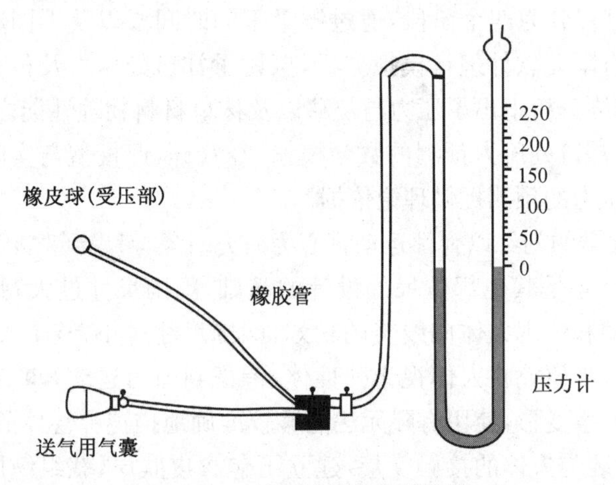

图4-10　液压式压力测试装置

2. 应变片式传感器压力测试装置

应变片式传感器压力测试装置主要有半导体应变片式(压阻式)和金属电阻应变片式两种传感器作为触力传感器来测试服装压力的大小。

应变片式传感器压力测试装置是基于惠斯通电桥原理的，图4-11是惠斯通电桥原理示意图。该测试装置的测量原理是将作为感压部件的应变片式触力传感器(厚度1.1～1.5 mm，长度或直径4～6 mm，)黏附于所测部位，应变片式压力传感器形状有球形、盘形等多种形状，该处的服装压使得应变片产生了形变。因此，服装压力的变化通过电压、电阻的变化被检测出来。这种测试方法由于应变片的体积微小，测试的结果精

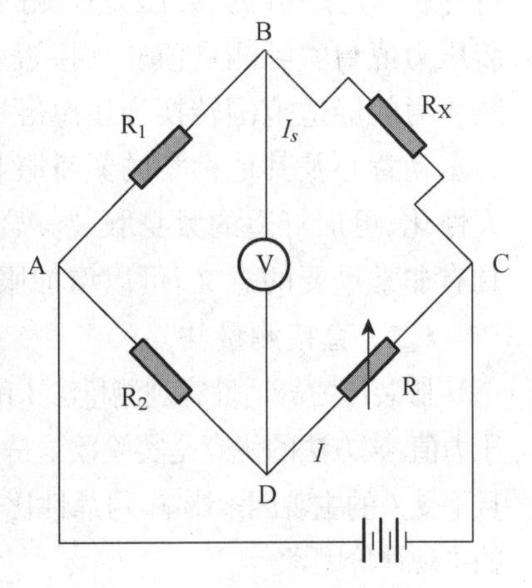

图4-11　惠斯通电桥原理示意图

度比较高，但是应变片传感器容易受到服装面料、人体曲率及人体表面压缩硬度等因素的影响，而传感器的不易弯曲也导致了动态情况下的压力测量比较困难。该压力传感器应用较为广泛。其中，半导体应变片式压力传感器在抑制温漂以及线性度等方面均优于金属电阻应变片式压力传感器，能够实现低压状态下的高精度测量。

伴随着智能化虚拟仪器的不断发展，将传统测量仪器应变片式传感器与计算机软件技术进行有机结合，使测试者能够使用图形界面来操作计算机，利用软件产生出激励信号来实现压力的测试功能，进而完成对服装压力测试过程的控制及数据处理。软件和硬件平台两大部分组成了虚拟仪器系统，其中硬件平台包括 I/O 接口设备和计算机。I/O 接口设备共有 6 种不同种类，分别是：串行口仪器、VXI 总线仪器模块、PXI 总线仪器、GPIB 总线仪器、板 DAQ 和数据采集卡。实际应用中，可根据情况选用 6 种硬件设备中的任意一种，但无论选择了哪一种，都需要应用软件将硬件和通用计算机结合起来，图 4-12 显示了其数据采集系统。其中，软件是整个虚拟仪器系统的关键，软件分别由虚拟仪器软件开发工具、I/O 接口仪器驱动程序及应用程序等 3 个部分构成。其中软件开发工具可以使用图形化的编程语言，包括有 LABVIEW、LABWINDOWS/CVI、HP-VEE 等。这种将测试技术、通信技术与计算机技术溶于一体的模块化仪器组成了虚拟仪器环境，是指引现代仪器发展的一个新方向。并且，这种基于虚拟仪器技术的应变片式传感器压力测试装置还能够比较精确的测试着装人体在运动状态下的服装压力变化。

图 4-12　虚拟仪器的数据采集系统

3. 气压式压力测试装置

气压式压力测试装置是结合液压式压力测试法和应变片式压力测试法的优点开发得到的一种压力测试装置。该方法的工作原理是将 1 个厚度约 2 mm 的气囊黏贴与拟测部位作为感压部件，该感压部件将感应到的服装压力值输入到跟其相连接的应变片式压力传感器输入端，传感器输出端就会有电压信号输出，这种信号再通过专门的电压放大器处理，从而服装压力的变化通过电压的变化被检测出来。气压式压力测试装置的主系统如图 4-13 所示，气压式压力测试装置的测试示意图如图 4-14所示。

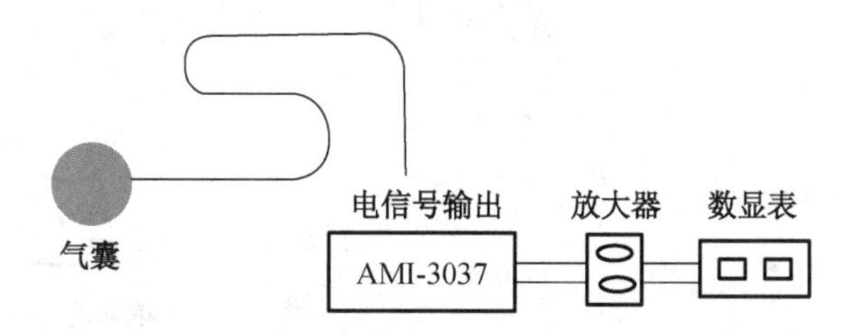

图 4-13　气压式压力测试装置的主系统

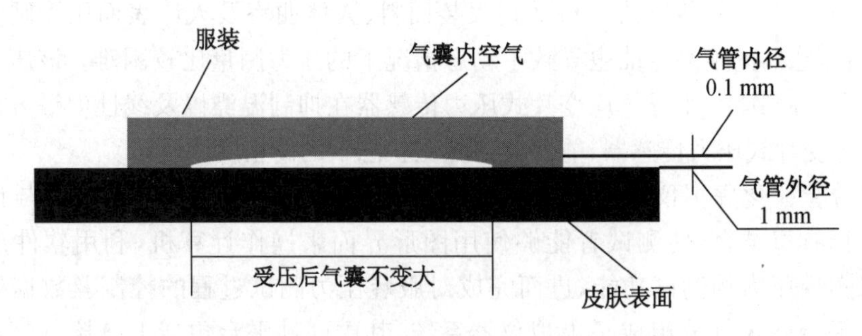

图 4-14　气压式压力测试装置测试示意图

该压力测试装置的感压部件采用的材料是柔软易弯曲变形的低弹性性能的材料,并且作为感压部件的气囊可以根据测试部位的不同,制作成圆形或圆角矩形等形状。这种测试方法的优点是受构造复杂的人体的伸长特性与服装材料的刚柔性的影响比较小,并且定量程度高,可以进行动态的测量。

4. 弹性光纤压力测试装置

弹力光纤压力测试装置是用于测试袜口压力的,其测试原理是测量时将弹力光纤放置于袜口和腿模型的中间,通过氦氖激光发生器产生的入射光进入到光纤后并都反射回核心。然而,当弹力光纤受到外力作用,发生扭曲变形后,通过核心的射线在数量上就会产生变化而导致外射光线在数量上的相应减少。外射光线通过硅胶探测元件的作用被转换成电能,它的电信号的强度通过使用电子伏特计被测量出来,进而弹力光纤的输出电压通过硅制的光电二极管、放大器和记录器读出来。输出电压与所受外力之间有着一定的回归关系,并且相关性比较好。其压力测试系统如图 4-15 所示。

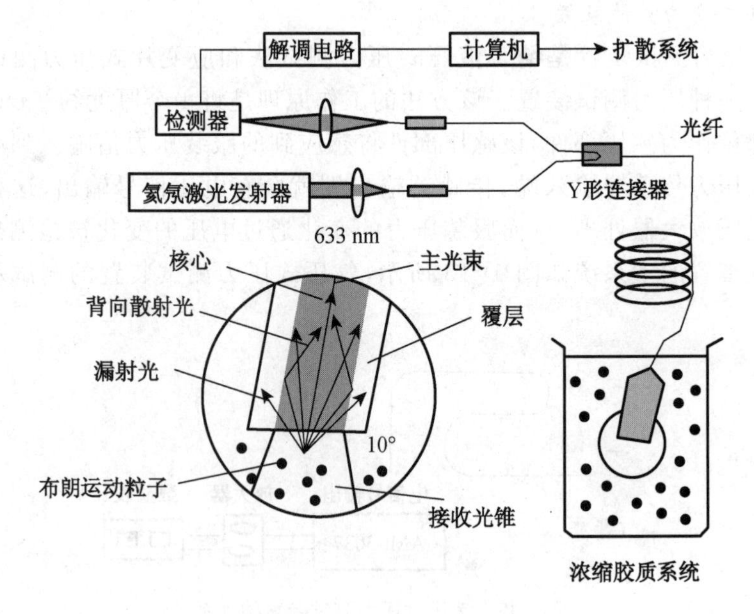

图 4-15　弹性光纤压力测试装置

弹力光纤压力测试装置光纤传感器的灵敏度比较高、频带也宽、动态测量的范围大，方便与计算机系统的结合，并且体积较小、结构简单，非常适合用于服装压力的测量。

5. 压敏半导体薄膜传感器压力测试系统

压敏半导体薄膜传感器压力测试系统是美国 Tekscan 公司在压力图谱测量技术方面的研究成果，该压力测试系统可作为压力分布测量与分析的仪器被广泛地应用于各个研究领域。作为压敏半导体薄膜传感器的一种，Flexiforce 压力传感器由两层聚酯薄膜组成，薄膜上铺设有银质导体，并且还涂上了一层压敏半导体材料。这两层薄膜通过压合形成了传感器，该传感器的厚度为 0.127 mm，并且可以弯曲。银质导体从传感点到传感器的连接端。在电路中传感点起电阻的作用，输出电阻的倒数与外力成正比例关系。Flexiforce 压力传感器几乎能够测量所有的接触面间的服装压力值，并且，由于该传感器相当轻薄，置入到接触面时不会导致压力值的混乱，能较为真实的测试出压力数据。但在实际应用中发现，当测量的曲面半径小于 32 mm的时候，测试仪器的灵敏度会降低。所以，普遍认为基于 Flexiforce 压力传感器的压力测试装置更为适应静态状况下的测量，但在测量精度要求不高的情况下，也可以进行动态测量。Flexiforce 压力传感器的形状如图 4-16 所示。

图 4-16 Flexiforce 压力传感器

压力仪器直接测量法操作简单，能够直观读取待测位置的压力值。然而在测量过程中，由于传感器要置于服装与人体之间，因此在不同程度上使人体与服装的原始接触状态发生改变，传感器的置入位置、方向、待测点的体表曲率、人体着装后的姿势变化和运动状态等都会直接影响测量数据的准确性。因此，在服装压力舒适性研究过程中应将服装压力的理论运算与客观测试相结合，以期为服装压力舒适性研究提供更为可靠的数据和理论支撑。

三、主客观综合评价法

服装压力舒适性的评价是受试者复杂的心理和生理的综合反映，不仅仅要受到服装面料本身各种物理性能的影响，还会被受试者本人的心理和生理因素所影响，因此，根据服装压力舒适性主观和客观评价的特点，可以看出，单独使用任何一种方法来研究服装压力的舒适性都是不全面的，只有把主观评价和客观评价两种方法结合在一起，才是最合适的办法，也就是说将服装压力舒适性的评价建立在主观和客观两种评价方法的基础之上，实验时同时以主观问卷调查表和客观仪器测试的方式得到一些能够反映出服装压力舒适性的参数和指标，然后将这些评价指标和参数之间的关系利用数学方法关联起来，这种方式能够更完善地对服装压力舒适性进行评价。主、客观相结合的评价方法考虑全面，在客观评价里面渗入了人为的主观因素，在主观评价方面由于有了客观数据的依靠而使得主观评价的结果更具有可信度。这种两者相结合的评价方法使单独的主观评价和客观评价这两种方法的优缺点得到了互补。

任务四　服装压力测试的发展前景

一、仪器的发展前景

在服装压力的测量中，传感器一般位于整个测试装置的最前端，测量时直接把传感器的感压元件插入服装与人体之间，通过其他相应的元件显示出测量得到的服装压力值，所以传感器的好坏将直接关系到整个测试系统的性能好坏，理想的用于测量服装压力的传感器应该具有以下几方面的关键指标：

(1) 人体着装时的服装压力一般在 1.96 kPa 以下，通常不会超过 10 kPa，因此专门用于测量服装压力的压力传感器的量程应该为 0～10 kPa，并且应该具有一定的精确度。

(2) 在服装压力测量中，复杂的人体曲面增加了服装压力的测量难度。因此，用于测量服装压力的压力传感器应比较薄且材质应具有柔韧性，测试时才能够紧密贴合不同曲率的人体部位而不引起服装的额外变形；另外，传感器的感应面积应可调，对于不同的测试区域应该有最优的感应面积，保证进行服装压力测量时传感器与身体部位保持接触。

(3) 目前针对静态服装压力测试的研究居多，而对动态服装压力测试的研究相对较少。事实上，人穿着服装大多数情况下都是处于运动状态的，因此，运动状态下的服装压力更值得关注。在服装压力的测试中，传感器应该能保证在人体走动或者运动过程中，可以进行连续测试。

二、评价方法的发展前景

（一）生理与心理学测量有机结合

服装压力舒适性的评价是受试者复杂的心理和生理的综合反映，不仅受到服装面料本身各种物理性能的影响，还会被受试者本人的心理和生理因素所影响，因此，还停留在根据个人的心理感觉对穿着服装的压力舒适感进行评分的主观评价法难以保证主观试验者本身的可信性和实验结果的可重复性，所以，应用主观评价法的同时，要加强着装试验的生理机制研究，比较着装前后受试者各项相关生理指标，如：心电图、血压、皮肤温度、心率、皮肤血流量等的差异，深入研究相关生理指标与人体身心健康及主观舒适性的相关关系。另外，还可以结合心理、物理学研究机制，比较着装前后受试者的相关心理指标，如脑电波、事发相关电位、体感诱发电位以及肌电图等，将引起服装压力的物理因素与人的生理、心理指标综合在一起，对服装压力舒适性进行评价，这种评价是服装压力刺激受试者引起的生理和心理的综合反映，可以在一定程度上排除由于人的差异所引起的人为差异，使评价结果能够反映大部分人群的感觉。

（二）建立压力舒适性评价指标

服装在穿着过程中要接触人体，其舒适性是最重要的特性之一。服装舒适性的研究范围主要包括热湿舒适性、触觉舒适性和压感舒适性。早期，国内外关于服装舒适性的研究以热湿舒适性为主，并已取得突破性成果，提出了通用的服装隔热值定量单位——

克罗(clo)。克罗值的提出为服装热湿舒适评价提供了统一指标。服装压力舒适性研究由于理论基础还比较薄弱,并没有建立起统一的评价指标。因此,有必要在前人研究的基础上,综合考虑人体的生理、心理以及面料等众多因素,建立压力舒适性评价的统一指标,为研究者研究服装压力舒适性提供统一的评价指标与参考标准。

(三) 建立高仿真受力模型

近期,对服装压力舒适性的研究在虚拟模型建立的基础上进行受力分析的比较多,但是模型建立的过程中,在诸多边界条件的限制下,模型的仿真性离实际应用还有一段距离。因此,还需要建立高仿真的受力模型,对人体着装时的服装压进行受力分析。

模块五 脑电测量技术

脑成像系统是一套将刺激呈现时大脑活动区域可视化的技术。与传统自我报告相比，这种技术的优势在于其不受个体的主观意识的控制，可以避免意识反应产生的偏差。脑电图(EEG)、脑磁图(MEG)、功能性磁共振成像(fMRI)、正电子断层成像(PET)等均为常见的脑成像技术。本章和下一章将从脑电图技术、脑磁图技术、磁功能共振技术等方面对脑成像技术展开阐述。

人脑作为心理形成和认知功能的重要器官，其电位变化与心理活动密切相关，由于脑电的自发性以及事件相关电位作为一种诱发电位具有的高时间分辨率、波形和潜伏期恒定的特性，可以对服装作用于被试时诱发的实时电位变化进行测量(注重原始情感反应)，减少认知参与，并产生连续的多区域电极电位波形数据，借助发达的计算机技术和数学工具进行分析处理，可以获得丰富的心理活动相关信息量。

因此，随着认知神经科学的发展，借助脑电仪器对服装诱发的消费者反应加以分析研究以进行科学的服装研究也是现代服装测试的有效方法。

任务一 人 脑 结 构

脑的发达程度是区别物种进化程度的主要标志。人类的大脑皮质在长期的进化过程中不断地高度发展，它不仅是人类各种机能活动的高级中枢，也是人类思维和意识活动的基础。解剖学的角度上认为人脑大体分为后脑、中脑和前脑三个区域，包括大脑、小脑和脑干三个主要部分(图 5-1，表 5-1)。

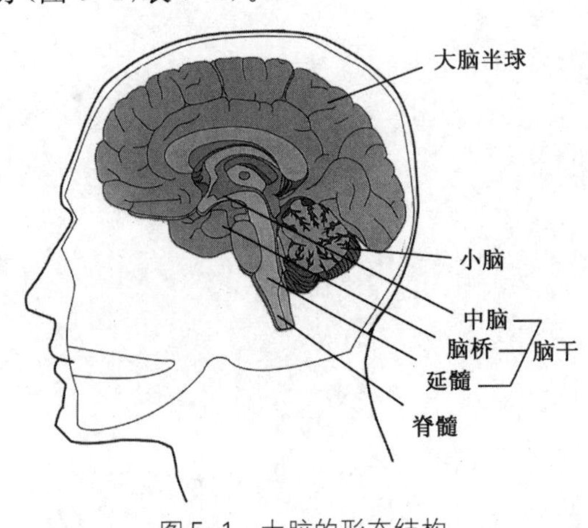

图 5-1 大脑的形态结构

表 5-1　人脑的三个主要区域

<table>
<tr><th>脑区</th><th colspan="2">主要结构</th><th>功　能</th></tr>
<tr><td>后脑</td><td colspan="2">小脑</td><td>平衡、协调、控制肌肉张力</td></tr>
<tr><td rowspan="6">脑干</td><td colspan="2">脑桥</td><td>涉及意识(睡眠/唤醒):将神经从大脑的一部分传递到另一部分;涉及面部神经</td></tr>
<tr><td colspan="2">延髓</td><td>延髓内有调节呼吸、循环等活动的基本生命活动中枢,还有调节躯体运动反射的重要中枢</td></tr>
<tr><td rowspan="4">中脑(也称间脑,也可作为前脑的一部分)</td><td>上丘</td><td>视觉反射中枢</td></tr>
<tr><td>下丘</td><td>听觉反射中枢</td></tr>
<tr><td>网状系统</td><td>主要控制意识(睡眠/唤醒)、注意、心肺功能以及运动</td></tr>
<tr><td>灰质</td><td>主要控制运动</td></tr>
<tr><td colspan="2" rowspan="4">前脑</td><td>大脑皮层</td><td>接收和加工感觉信息、思考、其他认知过程,以及计划和发送启动信息</td></tr>
<tr><td>边缘系统</td><td>负责学习、情绪和行为
边缘系统的一些小结构:海马(学习和短期记忆);杏仁核(愤怒、进攻);丘脑;下丘脑;穹窿(由海马向乳头体传递信息);扣带回(认知、注意力)</td></tr>
<tr><td>丘脑(也可作为边缘系统的一部分)</td><td>感觉信息进入大脑时的主要中转站:传递信息到大脑皮层的正确区域</td></tr>
<tr><td>下丘脑(也可作为边缘系统的一部分)</td><td>控制内分泌系统、自主神经系统、内部温度调节,在控制意识方面起到重要作用,涉及情绪,愉悦、痛苦和压力反应</td></tr>
</table>

前脑属于脑的最高层部分,是人脑中最复杂、最重要的神经中枢。前脑有三个主要区域:丘脑、边缘系统和皮层。人的原始情绪通过丘脑—边缘通路直接负责,丘脑接收环境传递的感觉输入,然后传送至皮层进行分析,同时传送到位于大脑半球下方、丘脑两侧的边缘系统,它将更高的心理功能和原始情绪合并为一个系统,通常称为情绪的神经系统。边缘系统进行生理反应协调、指导注意力(在皮层上)和各种认知功能,进行信息确认。

大脑皮层负责调节和控制皮层下各个部位的活动,利用大脑表面的沟、裂和脑回可以把大脑皮层分为额叶、顶叶、颞叶、枕叶四个区域,这些区域对情绪来说也有重要作用,这种分类方法实际上也反映和界定了不同脑区的结构和功能的相对特异性。如图 5-2 所示,额叶位于大脑最前面,处理最复杂的思想、决策、计划、注意控制、工作记忆及复杂的社会情绪;顶叶位于头顶部位,紧挨在额叶后面,处理运动、方位、计算;颞叶在顶叶下面,邻近额叶,处理声音、语言理解、记忆的某些方面;枕叶在顶叶和颞叶的后面,处理视觉。

当人们看到一款服装时,其感性信息经过瞳孔和晶状体,落在视网膜上,视觉信息在视网膜内进行初步编码、加工后,成为人体能够体验到的各种不同性质和强度的感觉。

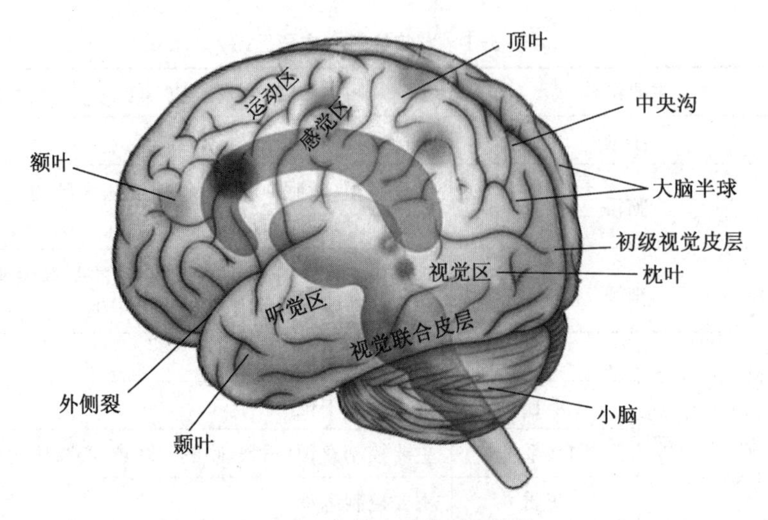

图 5-2 大脑皮层的形态结构

经视神经传入大脑枕叶的视觉中枢,由视觉中枢再对信息做进一步的处理、分析和整合,人再根据刺激的强度及个体知识经验对感知到的信息进行处理和判断,大脑皮层的电位变化也可以通过相应的仪器进行记录。

任务二 脑电的产生与分类

一、自发脑电

活的人脑总会不断放电,称为脑电,或自发电位。脑电的产生与变化是大脑神经活动的实时表现。

(一) 提取原理

脑电图是通过精密的电子仪器,从头皮上将脑部的自发性生物电位加以放大记录而获得的图形,是通过电极记录下来的脑细胞群的自发性、节律性电活动(图 5-3)。

(二) 基本节律

1924 年 Hans Berger 首先记录了频率在 8～13 Hz 的人脑的脑电,并把它称作 α 节律,这也是脑电的基本节律。除此之外,按频率分类可以分为如表 5-2 所示的几个脑电的节律。

表 5-2 脑电节律及其相关功能

名称	频率	相关功能描述
Delta(δ)	<4 Hz	频率最低。深度睡眠或大脑异常状态时出现(如昏迷或植物人状态)。因此 δ 波的增加与人们对物质世界意识的减少相关。δ 波频率趋向于最高振幅和最慢的波
Theta(θ)	4～7 Hz	困倦状态下或安静状态下(如沉思)可观察到,常用于短期的记忆任务、记忆提取

（续表）

名称	频率		相关功能描述
Alpha(α)	8～13 Hz	慢波：8～10 Hz	正常成人脑电波的基本节律。在清醒状态下可观察到，睁眼时明显增强，睡眠时消失 脑部后方枕叶最强，顶区也可记录到
		快波：11～13 Hz	
Beta(β)	14～30 Hz	β_1：13～16 Hz	低电压状态下的“快速”不规则活动，表示大脑皮层处于兴奋状态。意识清醒状态下思维活跃、焦虑、专注时明显 脑部前方额叶最强
		β_2：16～20 Hz	
		β_3：>20 Hz	
Gamma(γ)	30～70 Hz		皮层和皮层下区域的信息的交换，有意识的情形状态和快速眼动睡眠时被观察到

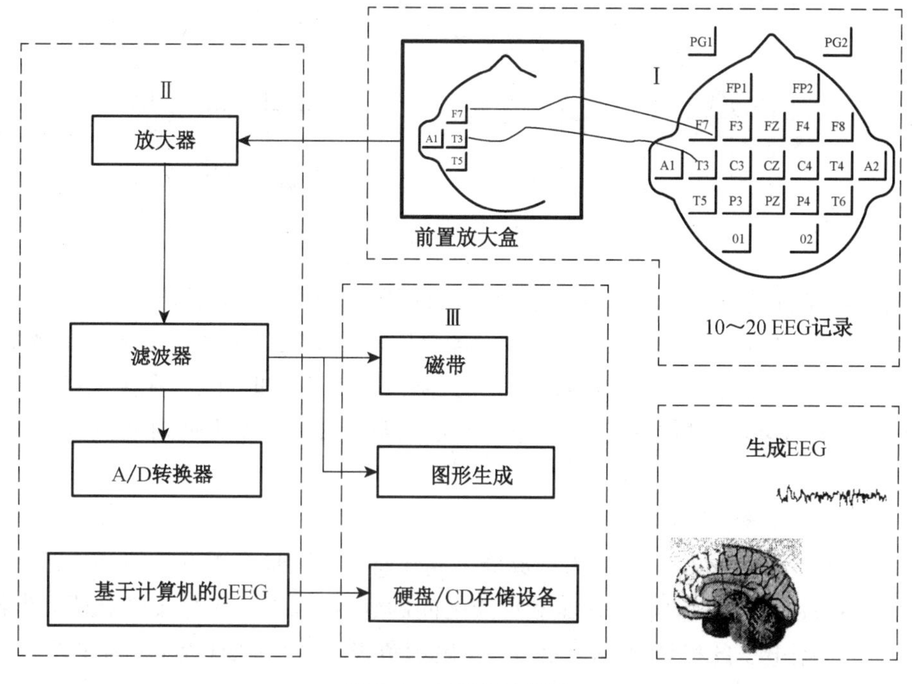

图 5-3　EEG 提取原理

二、事件相关电位（诱发脑电）

自发脑电是自然存在的，如果对人加以特定的刺激，并作用于感觉系统或脑的某一部位，在给与刺激或撤销刺激时，或（和）当某种心理因素出现时在脑区会引起电位的变化，其中有一些特异性的感觉、认知以及事件相关的神经反应隐藏于脑电之中，虽然脑电图是记录脑活动的有效工具，但是很难使用纯脑电数据来分离这些神经认知过程，因此需要使用叠加平均技术把这些反应从脑电中提取出来，这样的信号称为事件相关电位（Event-related Potentials，简称 ERPs），也称作诱发电位（相对于自发电位而言，Evoked Potentials，简称 EP），如图 5-4 所示。

（一）设置

事件相关电位采集的原理是由被试端电脑产生刺激事件，并将每个不同事件进行编

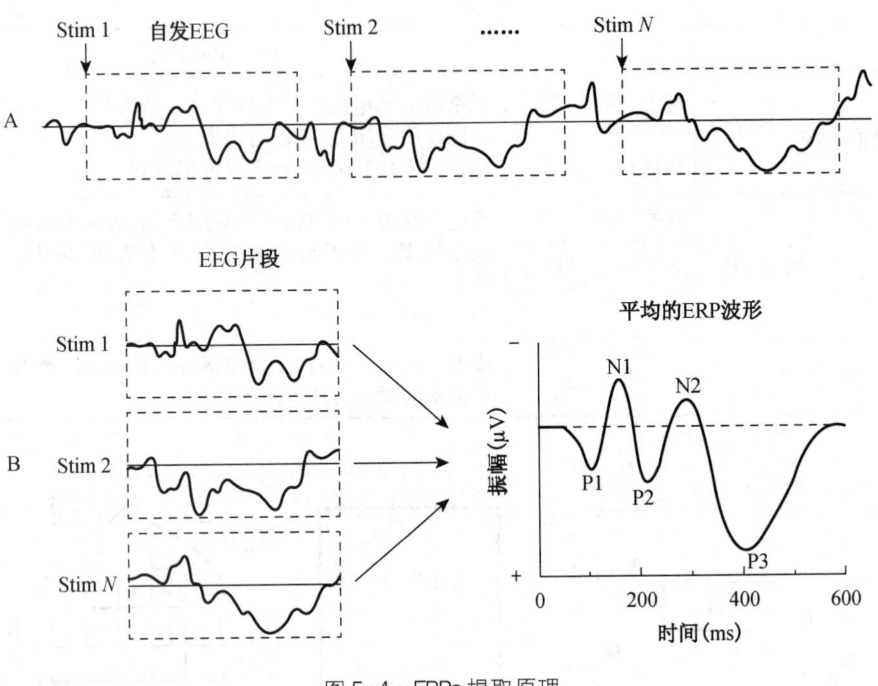

图 5-4　ERPs 提取原理

码，再将刺激事件的编码传送至主试电脑端，被试佩戴电极帽，电极帽与放大器连接，主试电脑也与放大器连接。开始记录时，放大器会同时选取被试的脑电资料与刺激事件编码，并将刺激事件编码及刺激的时间点对应到脑波相对应的时间点，在主试端电脑上实时呈现。记录结束，主试电脑会保存记录的实时脑波数据，以方便对所测得脑波进行分析。

(二) ERPs 成分

ERPs 波形包括波峰和波谷，称作成分。成分通常以同步的诱发条件、记录位置的极性(正性或负性)、时间(潜伏期:刺激和反应之间的延迟)以及头皮分布(地形图)为特征。ERPs 成分依据电压的极性(P 表示正极，N 表示负极)和潜伏期(以 ms 为单位)来描述(如:“N100”表示在刺激出现大约 100 ms 后呈负走向的电压，也可以用 N1 表示)。与心理因素关系最为密切的成分主要有 N1、P1、N2、P2、P3 和慢波(>500 ms，显著地持续基线偏差)。其中 N1、P1、P2 为 ERPs 的外源性(生理性)成分，受刺激物理特性影响；N2、P3 为 ERPs 的内源性(心理性)成分，不受刺激物理特性的影响，与被试的精神状态和注意力有关，其中 P3 成分是 ERPs 研究领域中最典型、最常用的成分，它和认知过程密切相关，主要用于在决策过程中对认知功能的衡量(如对刺激评价和分类过程的反应等)。

(三) ERPs 分类

ERPs 按感觉通路可分为听觉诱发电位(Auditory Evoked Potentials，简称 AEP)、视觉诱发电位(Visual Evoked Potentials，简称 VEP)、体感诱发电位(Somatosensory Evoked Potentials，简称 SEP)，因此常用的刺激诱发形式有视觉诱发、听觉诱发、体感诱

发等。为将视觉或听觉刺激材料进行标准化的评判，美国佛罗里达大学国家心理卫生研究所(National Institute of Mental Health，简称 NIMH)情绪和注意研究中心(Center for Emotion and Attention，简称 CSEA)根据情绪的维度(效价和唤醒度)编制了标准化的刺激材料系统，包括国际情绪图片系统(International Affective Picture System，简称 IAPS)、国际情感数字声音(International Affective Digital Sounds，简称 IADS)、英语单词的情感标准(Affective Norms for English Words，简称 ANEW)和英语文本的情感标准(Affective Norms for English Text，简称 ANET)。

IAPS 包括正性的(如胜利、娱乐、运动、旅游等场景)、负性的(如事故、自然灾害、垃圾、鬼怪等内容)以及较中性的(如日常用品等)图片，并将这些图片从效价(由愉悦到不愉悦)和唤醒水平(由低到高)上进行 9 点量表评级。IADS 提供了一套标准的、包括广泛的语义范围内容的听觉情绪唤醒刺激，用以研究情绪和注意。ANEW 和 ANET 分别提供了英语词和文本的标准的情绪等级。中国研究者根据中国特色，在 IAPS 基础上建立起一套适用于中国的情绪研究需要的标准化情感图片系统以及初步建立情感影像刺激材料库的设想。

三、脑电技术比较

EEG 是测量脑活动的通用技术之一，也是最早应用于情绪研究领域的脑成像工具，通过置于头皮上的多导联电极在头皮表面记录到的电活动来测量由大脑内部神经细胞电流引起的电压波动。基于 EEG 的情绪认知研究可以通过侦测被试的头部内部来观测其心理活动。不同的情绪状态显示不同的 Alpha 峰值、频率。

ERPs 可以通过记录大脑对感兴趣刺激(之前、期间、之后)的连续的、多维的信号，揭示大脑中快速出现的感觉和认知信息过程，包括大脑功能区域的活动细节和激活的时间，涉及认知能力和执行能力。由于其高时间分辨率和无创性，使得它优于其他脑成像技术。ERPs 可以在毫秒级别上通过头皮分布或不同地形反映大脑实时的电压波动的波状形态，并且潜伏期和波形恒定，且优于传统神经心理学研究中大量使用的行为测量。表 5-3 列出了这两种脑功能成像的优缺点。

表 5-3 脑功能成像技术的优缺点

名称	简称	侦测功能	获取技术	优点	缺点
脑电图	EEG	脑部的电位变化	大脑表面的电压波动	快速、费用低。能提供与每个电极最接近脑区有关细胞活动毫秒级的信息	无法记录深部脑区的活动。对脑区定位的空间分辨率差
事件相关电位	ERPs	脑部的电位变化	放大器/叠加平均	高时间分辨率，潜伏期恒定，波形恒定	需要刺激叠加

任务三　常用事件相关电位仪器与刺激呈现软件

一、事件相关电位仪器

目前，ERPs研究使用的仪器主要有美国Neuroscan公司的EEG/ERP多导联神经电生理分析定位系统（http://www. fistar. com. cn/index. html）、美国EGI公司的事件相关诱发电位采集分析系统（http://www. egi. com/home）、荷兰BIOSEMI公司的BESA系统（http://www. biosemi. com/index. htm）、荷兰ANT公司的事件相关电位仪（https://www. ant-neuro. com/products/cognitrace）以及德国Brain Products公司脑电事件相关电位分析系统（http://www. brainproducts. com）。表5-4是对现有仪器的简要介绍。

表5-4　现有的事件相关电位仪器

公司	美国Neuroscan	美国EGI	荷兰BIOSEMI	德国Brain Products
名称	EEG/ERP多导联神经电生理分析定位系统	事件相关诱发电位电位（ERP）采集分析系统	EEG/ERP脑电分析系统	脑电事件相关电位（EEG/ERP）分析系统
电极帽	Quikcaps（可适用导电膏和盐水两种介质）	高密度网状电极帽	Active-headcap	BrainCap； EasyCap； actiCAP第三代活动电极帽
放大器	SynAmps2高精度70导EEG/ERP放大器； NuAmps便携式40导数字DC EEG/ERP放大器； SynAmps Wireless无线EEG/ERP放大器	Net Amps放大器	ActiveTwo AD-box	BrainAmp； BrainAmpDC； BrainAmp MR； BrainAmp MR Plus； QuickAmp； V-Amp
记录软件	SCAN	Net Station	BESA	Recorder
分析软件	SCAN（可进行在线/离线处理和三维影像功能）	Net Station	BESA	Analyzer/RecView
源定位分析软件	Scurce	GeoSource	BESA	BESA/PyCorder

二、刺激呈现

为了做到脑波记录过程中各个环节的高精度控制（如：实验材料的编辑与制作、实验参数的控制、实验过程的控制、实验数据的采集和处理等），需要使用相应的软件通过计算机编程对这些环节进行控制，现有的相关软件有Stim、Presentation和E-prime（表5-5）。

表 5-5　刺激呈现软件比较

软件名称	Stim	Presentation	E-prime
设计公司	Neuroscan	NBS	卡内基梅隆大学和匹兹堡大学
兼容性	通过提供同步脉冲信号和心理学研究系统（如 SCAN EEG/EP 工作站）结合，也可以和 fMRI、ERP 及其他记录设备结合使用	可与 fMRI、ERP、MEG 等系统实现无缝连接	可以结合眼动设备、Neuroscan 脑电系统同步结合使用
主要特点	①高时间和精确性。可以提供完全无误的视觉刺激和误差小于 1 ms 的声音刺激，反应设备（键盘、鼠标、反应时间）的准确率误差在 1 ms 以内 ② 提供任务库。任务库中预先编写了 14 个任务程序，按运动、知觉、注意、记忆和认知任务等分类 ③ 提供多种图像和声音文件，声音和视觉刺激可以同时呈现 ④ 容易得到任务的行为数据（呈现结果）	① 是目前最专业、计时最精确的刺激编程软件系统 ② 增加了动画、三维视觉刺激和力反馈刺激。还可以导入由其他三维绘制软件所建的三维模型 ③ 在多个显示器上能同时呈现不同的视觉刺激 ④ 接受语音输入。可以记录和接受被试的语音输入	① 时间精度高。刺激呈现与屏幕刷新同步，精度可达毫秒 ② 提供多种刺激呈现方式。文本、图像、视频和声音（可以呈现多种刺激的任意组合） ③ 可视化的编程图形界面，易学易用 ④ 实验设计详尽：提供详细的时间信息和事件细节（包括呈现时间、反应时间、按键值等）

任务四　脑电技术的应用方法

一、头部定位系统

ERPs 记录采用国际临床神经生理协会（International Federation Clinical Neurophysiology）在 20 世纪 50 年代后期制定的 10～20（表示头皮电极点之间的相对距离是 10％与 20％）国际脑电记录系统安置电极（表 5-6），所有电极同步记录脑电反应，根据导联的不同，记录电极安排如图 5-5 所示。

表 5-6　10～20 电极系统电极名称匹配一览表

部位	英文名称	电　极
前额	Pre frontal lobe	Fp1、Fp2
侧额	Inferior frontal lobe	F7、F8
额区	Frontal lobe	F3、F4、Fz
中央	Central lobe	C3、C4、Cz
颞区	Temporal lobe	T3、T4

（续表）

部位	英文名称	电　极
后颞	Posterior temporal lobe	T5、T6
顶区	Parietal lobe	P3、P4、Pz
枕区	Occipital lobe	O1、O2
耳垂(乳突)	Auricular	A1、A2

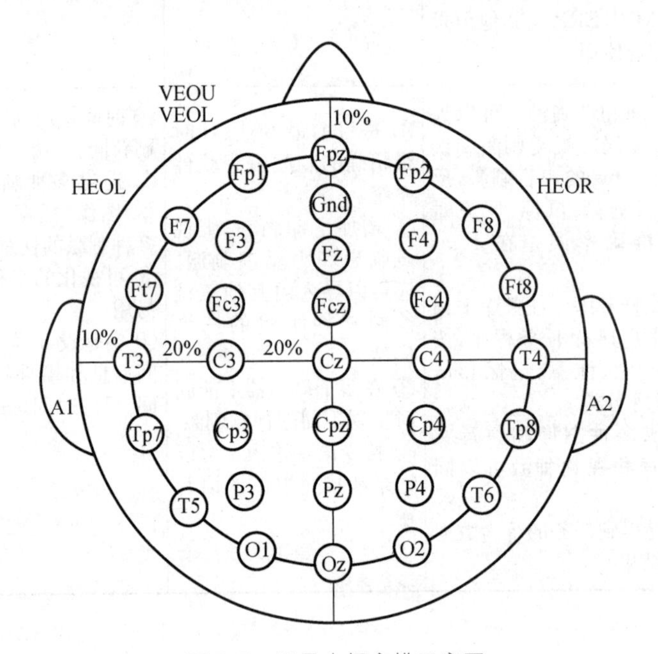

图 5-5　记录电极安排示意图

（一）电极的安置原则

（1）每个电极名称的开头用一或两个字母来表示大的电极区域[Fp＝额极(Frontal pole)；F 代表额(Frontal)；C 代表中央(Central)；P 代表顶(Parietal)；O 代表枕(Occipital)；T 代表颞(Temporal)]。

（2）为了区分电极和两大脑半球的关系，电极名称后用一个数字或者字母来表示与中心的距离，左半球为奇数，右半球为偶数。中线位置用字母"Z"(Zero)来代表数字 0 以便和字母 O 区别，越接近中线数字越小，外侧数字较大。

（3）A1，A2 代表左右耳垂(乳突)

（二）两条标准线

（1）前后矢状线：从鼻根至枕外隆凸的连线，又称中线，在此线上由前至后依次排列 Fpz(额极中点)、Fz(额区中点)、Cz(中央点)、Pz(顶区中点)、Oz(枕区中点)。

（2）左右冠状线：从左耳前点(耳屏前颧弓根凹陷处)通过中央点至右耳前点的连线，在此连线的左右两侧对称排列 T3(左颞区)、T4(右颞区)、C3(左中央)、C4(右中央)。

（三）其他电极排列

（1）按 10%与 20%相对距离安排其他记录电极，分别是 Fp1(左额极)、Fp2(右额极)、F7(左前颞)、F8(右前颞)、T5(左后颞)、T6(右后颞)、O1(左枕)、O2(右枕)、F3(左额)、F4(右额)P3(左顶)、P4(右顶)。

(2) 前额中央处的 GND(接地电极)、VEOG(垂直眼电)和 HEOG(水平眼电)。

二、实验记录前准备

在脑电数据记录前需要做好一系列准备工作。

(1) 邀请被试来到实验室,告知被试关于 ERPs 记录的科学性和无损伤性,并说明导电膏是无毒无害且较容易清洗的。

(2) 提醒被试在实验过程中保持情绪稳定,精神专注,少动,在自然放松的状态下要求其尽量减少眨眼的频率。

(3) 实验前确认被试以舒适坐姿坐在电脑屏幕(被试端)的正前方,距离显示屏 60 cm。

(4) 为保证数据记录的准确性,在实验前用电子血压计对被试的心率、血压进行测量,以观测被试情绪的平稳性。男女被试心率在 80 次/min 以下,收缩压＜130 mmHg,舒张压＜85 mmHg 才能进入正式实验。

(5) 给被试佩戴电极帽,确保 Cz 点位于头部矢状线与冠状线的相交处,脑中线处的电极与矢状线一致,以保证所有记录电极处于正确位置不发生偏移(图 5-4)。

(6) 使用磨砂膏清除与电极接触的皮肤角质层(双侧乳突、眼睛上下左右),以保证导电效果良好。

(7) Gnd 为接地电极,同时在左眼眶正中上、下各 2 cm 处放置电极记录 VEOG,双眼外侧 1.5 cm 处放置电极记录 HEOG。给所有电极打导电膏,将所有测量电极的电阻降至 5 kΩ 以下。

(8) 调整放大器参数设置:采用 DC 模式记录,采样率 1 000 Hz,信号经放大器放大,放大器带通频率的高通设置为 0 Hz,低通设置为 100 Hz, A2 作为参考电极。

三、实验预记录

在脑电数据正式记录前要进行预记录。一方面可以观察脑电记录是否正常,另一方面可以缓解被试的紧张情绪。

四、数据处理

(一) 数据离线分析

所谓离线分析,即是对记录到的原始生理信号进行再分析处理的过程。在 EEG/ERP 研究中,原始 EEG 数据的获得无疑是所有工作的第一步,只有得到完整可靠的原始数据,才有进行后期离线分析的可能。一般情况下,对原始脑电数据使用 Scan4.5 软件进行离线分析,分析步骤如下(图 5-6、图 5-7):

(1) 合并行为数据。

(2) 脑电预览。

剔除明显漂移的脑电数据,以利于后续分析。

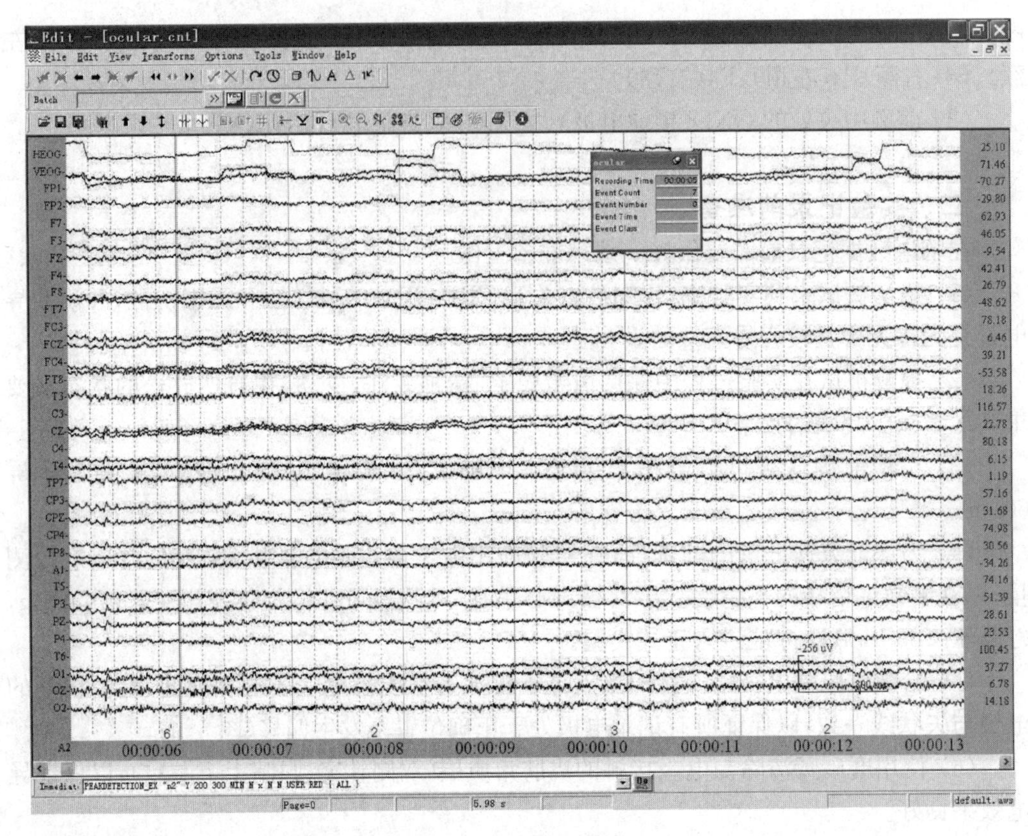

图 5-6　原始数据采集

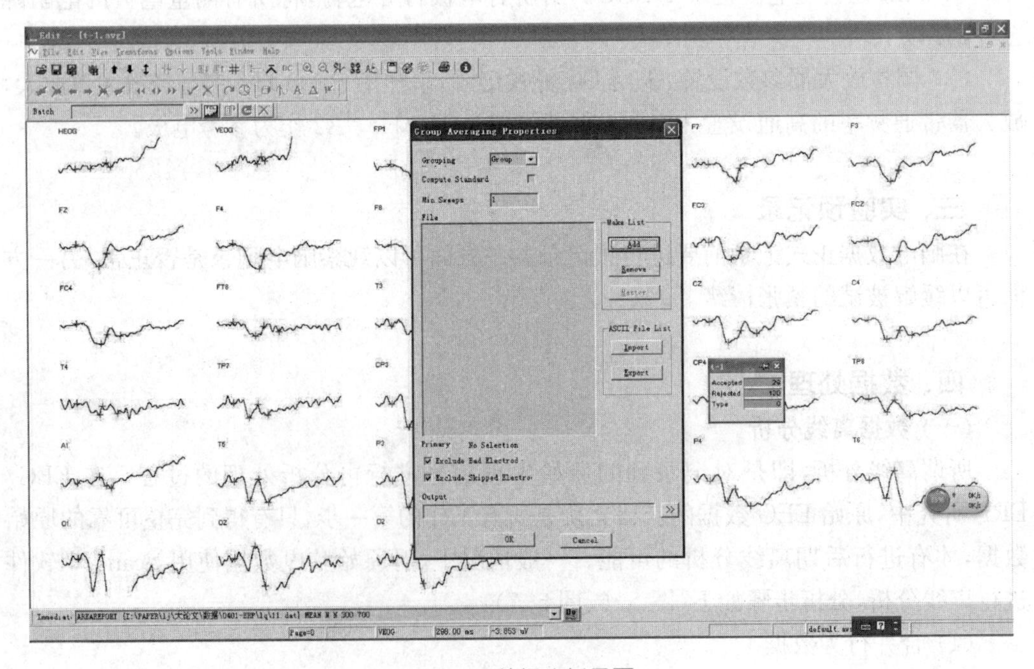

图 5-7　数据分析界面

(3) 去除眼电。

眨眼、眼动等信号会对脑电记录产生显著的影响。参数设置 VEOG 为 20 个眨眼，每个眨眼持续时间为 400 ms，HEOG 设置为每个眨眼持续时间为 800 ms，以去除实验过程中眼睛活动产生的电流。

(4) 脑电分段。

依据刺激类型的不同对连续记录的原始脑电数据进行分段，脑电分段要包含关注和分析的成分，因此根据刺激呈现时间和关注成分的潜伏期，本研究选择的分析时程为 −100～700 ms，即截取每个刺激开始呈现前 100 ms 至刺激后 700 ms 作为每个刺激的时长，记录点数为 801 个。

(5) 基线校正。

基线校正的作用是消除脑电相对于基线的偏离。

(6) 去除伪迹。

去除伪迹的目的主要是将所要分析的脑电分段(Epoch)内的多余信号剔除(主要包括眨眼、心电、肌肉运动等伪迹以及高波幅的慢电位伪迹)。去除伪迹的数值设定在 ±50 μV之间，选择所有导联(不包括眼电)，这样每段脑电中超出范围的信号即被剔除，不进行后面的叠加平均。

(7) 滤波。

对导联的脑电数据进行低通为 30 Hz 的零相位偏移数字滤波，滤波强度为 24 dB/oct，以消除干扰，从而提高信噪比。

(8) 叠加刺激类型。

分别将负性情绪、中性情绪、正性情绪刺激图片的脑电数据进行叠加，以得到相应条件下的 ERPs 波形。

(9) 总平均。

分别将全部被试的负性情绪、中性情绪、正性情绪刺激图片的脑电数据进行总平均，以得到总平均波形。

(二) 统计分析

ERPs 实验结果的大量数据是在许多因素的制约下取得的。如何通过对实验数据的计算分析，找出各个因素以及各因素的相互作用对实验结果的影响，分清因素主次，是 ERPs 统计分析要解决的主要问题之一。ERPs 主要使用数据的差异性检验，特别是方差分析。

方差分析(Analysis of Variance，简称 ANOVA)，又称变异数分析，用于两个及两个以上样本均数差别的显著性检验，通过分析研究实验数据中不同来源的变异对总变异的贡献大小，从而确定试验中的自变量是否对因变量有显著影响。

ANOVA 通常是指因变量只有一个的时候所进行的方差分析，即一元方差分析或单变量方差分析。当因变量有多个时所进行的方差分析称为多元方差分析或多变量方差分析(MANOVA)。多变量方差分析要求各因变量之间不是相互独立的，而是存在相关性，它的主要功能在于分析自变量与多个因变量之间的关系。在实践中不能把 MANOVA 分解为多个 ANOVA 进行操作。但是当多个因变量相互独立时，则可以单独对每个因变量做 ANOVA 分析。

(一) 单因素方差分析

在实验中只研究一种因素的变化所引起的某一指标的变化,对这种实验结果的统计学分析称为单因素方差分析。因素是指实验所控制的自变量;指标是指饰演女的因变量。因此,单因素方差分析是对单个自变量的各个水平引起的实验结果是否具有显著差异的统计学分析。

(二) 多因素方差分析

在 ERPs 研究中经常控制的自变量不是一个,而是多个。多个自变量的实验称为多因素实验,对它的方差分析称为多因素方差分析。有的实验室设计不仅需要分析每个因素的变化(不同的水平)所引起的某一指标的变化,而且需要分析多个因素共同作用的结果,这是单因素方差分析不能做到的,需要使用多因素方差分析。多因素方差分析在单因素方差分析的基础上增加了主效应与交互作用的概念与分析。如电极的位置和数量作为自变量,波幅和潜伏期作为因变量。

模块六 脑磁图和脑功能磁共振成像技术

大脑神经活动产生的电流，也可以通过大脑外部的磁场区域进行测量，称为脑磁图技术。当大脑皮质局部某一区域内神经元受到刺激引发兴奋时，兴奋区局部小动脉扩张，血流量增加，导致耗氧量增加，因而血中氧合血红蛋白明显增加，氧合血红蛋白的增加可以通过磁共振（MRI）技术检测。由于这些血液供给中的调整是大脑功能的执行结果，因此功能性磁共振成像是指应用磁共振成像技术对人体的功能进行研究和检测。

MEG 和 fMRI 在一定程度上可以相互补充。MEG 在神经功能检测上具有很好的时间分辨率（毫秒级），但是空间分辨率不足。fMRI 可以在毫米级空间分辨率定位活动，但是时间分辨率不足。通过两种技术的结合，可以进行精确地高级神经活动的时空分析。将 ERP 与 fMRI 的数据融合或同时实验，则可获得时间分辨率和空间分辨率皆高的结果。

MEG 和 fMRI 可以为以下服装研究提供帮助：

- 服装设计；
- 服装市场营销；
- 服装人体工学；
- 服装视觉感知、注意和选择。

任务一 脑磁图技术

电场和磁场是同一个生理事件的两个方面。MEG 测量神经活动放射出的完整磁信号，采用低温超导技术（SQUID）实时测量大脑磁场信号的变化，将获得的电磁信号转换成等磁线图，并与 MRI 解剖影像信息叠加整合，形成具有功能信息的解剖学定位图像。由于磁信号不像电信号那样会受颅骨和脑组织干扰，因此其空间分辨率优于 EEG。图 6-1是先进的 MEG 扫描仪，由一些被冷却到超导温度的高敏磁线圈组成。

一、主要机制

MEG 技术通过三百多个脑磁图通道，获得整个头部的神经生理学资料，然后经过计算机综合影像信息处理，转换成脑磁曲线图、等磁线图，再通过相应数学模型的拟合得到信号源定位，最终与 MRI、CT 等解剖影像信息叠加整合，形成磁源性影像（Magnetic Source Image，简称 MSI）进行脑解剖功能定位，从而以 ms/mm 级准确反映脑功能的瞬时变化状态，包括思维、情感等高级脑功能的研究。

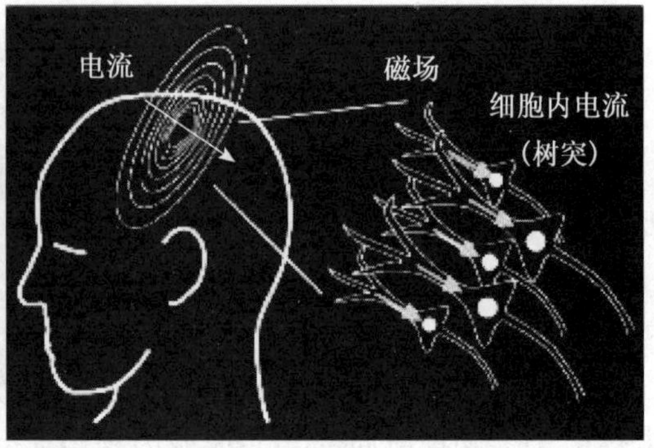

图 6-1　脑磁图

二、测量过程

MEG 测量的目的是根据头部解剖学特征找到生物磁场源的位置。因此，MEG 传感器的坐标定位系统必须与头部的坐标系统（建立在解剖学标志上）之间建立联系，并最终与影像系统之间建立联系（如 fMRI）。在坐标系统建立起来之后，根据实验设计，MEG 被连续不断或按照刺激/片段锁定等方式记录下来。

在数据记录过程中，一系列视觉、听觉或其他感觉刺激呈现给被试，被试需要根据预先设定的任务来处理这些感觉，如：触觉刺激、分类的几何图形等。通常，同样的或相似的刺激伴有不同的任务要求重复呈现。

同脑电一样，脑磁测量也分为自发脑磁和事件相关脑磁（ERF）两种，ERF 也可分为视觉诱发 ERF、听觉诱发 ERF、触觉诱发 ERF 等。波形的表示方法和 ERP 一样，P 表示正峰，N 表示负峰，其后的数字表示潜伏期，但是为了和 ERP 区分，通常在潜伏期后加上"m"表示磁影响，如刺激后 100 ms 出现的负峰表示为"N100m"。

任务二　脑功能磁共振成像

一、主要机制

fMRI 追踪大脑内血流的变化，来判断某个区域是否处于活动之中，当大脑某一区域被激活时，该区域的血流量增加，在 6～10 秒即达到峰值，16 秒之后逐步恢复正常值。由于大脑正在进行活动，因此相同的刺激需要重复数遍，信号才能被平均（图 6-2）。

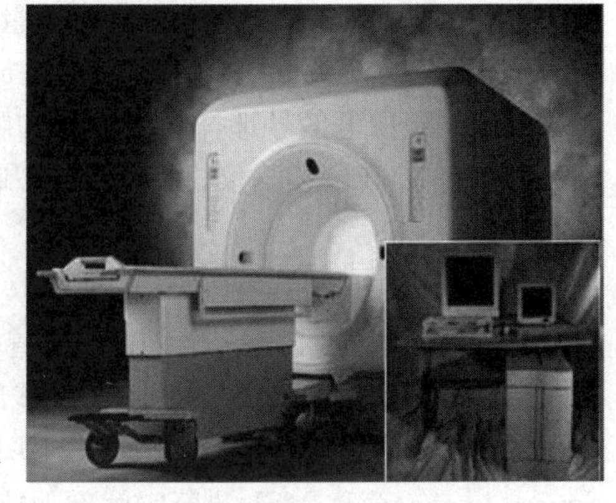

图 6-2　fMRI 设备

目前，一般认为 fMRI 包括血氧水平依赖性成像（Blood Oxygen Level Dependent imaging，简称 BOLD）、灌注加权成像（Perfusion Weighted Imaging，简称 PWI）、脑磁共振波普成像（Magnetic Resonance Spectroscopy Imaging，

简称 MRSI)等多种成像技术。

由于 BOLD 是一种无创性检查,且具有较高的信号敏感性和空间特异性,因此是目前最流行的 fMRI 技术。如图 6-3 所示,BOLD 方法主要用于定位大脑的各个功能区(如视觉区),区分哪块大脑皮质对视觉起反应。由于生物组织活动需要消耗氧,消耗的氧是由血液运输的,耗氧量大的组织区域,血流量就多,血红蛋白与氧气结合形成氧合血红蛋白在血液中传输,在组织中氧气被消耗掉,形成脱氧血红蛋白,二者的磁化系数不同,前者的信号比后者的信号高,由于氧合血红蛋白和脱氧血红蛋白磁化率的差异,如果某一个区域从未被激活到被激活,从动脉流入的血流量会增加,氧合血红蛋白数量增多,信号强度就会增加,而没有被激活的区域信号强度不变。

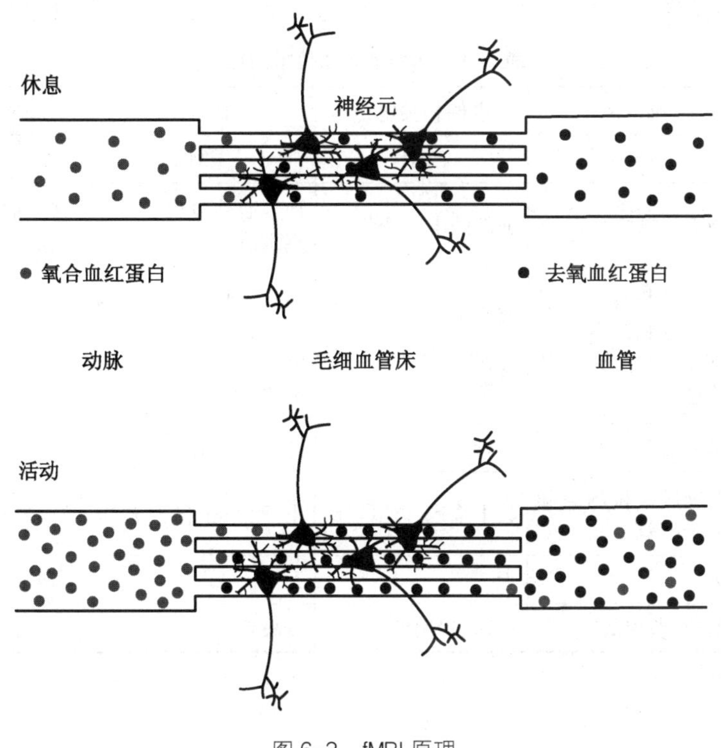

图 6-3　fMRI 原理

二、测量过程

fMRI 实验通常至少包含两个方面:一方面通过结构扫描获取高分辨率的解剖结构;另一方面重复功能扫描获取低结构分辨率的任务特异性 BOLD 图像。代表性 BOLD 信号的获取采样率为 0.1～1 Hz,然后将功能性图像进行统计分析,结合结构扫描来获取功能性结果的解剖位置。

三、应用

fMRI 不适合进行备选设计方案的选择评价,但是可以用来进行不同设计类型的比较,例如:不同类型的服装(休闲服装、礼服、职业套装),每种类型提供数张不同的设计图呈现给被试,通过大脑活动区域分辨不同类型的激活程度。

近年来，通过不同的大脑成像来进行市场导向问题的研究也越来越受到关注，尤其是运用fMRI进行汽车外形、包装形式等方面的研究可以为产品造型设计提供思路。英国BBC纪录片《超级品牌的秘密》介绍了采用磁共振技术对消费者面对名牌包袋时的真实心理感受进行了分析，并分析大脑的活跃程度与不同品牌的交互关系，进一步分析不同品牌的市场占有率，借助具体的脑功能变化指标来进行包袋设计(图6-4)。表6-1是几种脑成像技术的比较。

图6-4 fMRI进行包袋偏好测试

表6-1 几种脑成像技术的比较

	脑电图	事件相关电位	脑磁图	功能磁共振成像
简称	EEG	ERPs	EMG	fMRI
获取技术	脑部的电位变化	脑部的电位变化	神经活动放射出的完整磁信号	脑部的血流变化、耗氧量的变化
特点	能提供与每个电极最接近脑区有关细胞活动毫秒级的信息	波形恒定，潜伏期恒定，需要刺激叠加	能记录脑细胞磁活动的瞬间变化，而不是电活动(电流通过产生的磁场)	不能成像出细微的皮层下结构，也不能对皮层的激活进行细致的分析；价格昂贵
时间分辨率	毫秒级	毫秒级	高小于1毫秒	差，数十毫秒
空间分辨率	对脑区定位的空间分辨率差	数十毫米	小于2mm，优于ERP	好，毫米级
侵害性	无	无	无	高射频和高磁场
费用要求	快速、费用低	快速、费用低	较昂贵	要求高，费用贵

模块七 生物信号分析技术

生物信号是指能够从生物体中(不断地)测量和检测到的所有类型的信号。通常认为是生物电信号,但是实际上,生物信号涉及电信号和非电信号。电生理信号通常转换为由特定组织、器官或细胞系统(如神经系统)电位产生的电流。非电信号有磁信号、超声信号等。

人体的活动细胞或组织不论在静止状态还是活动状态下,都会产生与生命状态密切相关的、有规律的生物信号,这些信号中有一些是生理过程自发产生的,例如血压、心电信号、体温、神经细胞动作电位等。另一些信号是外界施加于机体,机体响应后再产生出来的,例如超声信号、同位素信号、X射线信号等。

人在着装状态下执行体力和脑力任务时,由于环境因素、服装因素、身体因素等各种因素的影响,生物信号会产生相应的变化,通过这些变化指标,可以侦测到人体心理、生理的综合反应情况,根据这些指标调整着装条件和工作负载。生物信号的测量目前主要用于可穿戴式服装中进行着装状态下生理指标的监测。

由于生物信号非常微弱,人的感官对绝大多数的生物信息不能直接感知,需要借助仪器设备对其进行观察和测量。生物信号通过换能器(如压力换能器、张力换能器、电极)将其转换为电信号,再经过放大后以人的感官所能感知的信息形式显示和记录。多导生理仪就是一种进行人体综合生理——心理指标检测和分析设备,一般由放大器、换能器等一系列设备组成,能够实时地完成人在着装状态下执行体力和脑力任务时的脑电(EEG)、心电(ECG)、肌电(EMG)、皮肤温度(SKT)、血压(BP)、皮肤电阻(GSR)等信号的纪录和处理。其最大优点是可以同时同步地处理多个通道的信号,并在软件中进行观测、纪录和处理。

任务一 生物信号的类型

有机体是一个包含成千上万信息的复杂信号源,根据来源不同,生物信号有十种类型。

一、生物电信号

生物电信号是生物系统特有的,它是神经细胞和肌肉组织的膜电位在一定条件下被激发所产生的电压信号,通过连接生物特定组织的电极,对生物体电场变化进行采集和测量。如:大脑活动期间可以测量出脑电活动;通过皮肤上的汗腺活动可以测量出皮肤电活动;肌肉也总是处于不同的紧张状态,在体表可以测量出肌电活动;心脏在不断跳动,可以测量出心电活动。

几种生物电信号参数可参见表 7-1。

表 7-1 生物电信号参数

类 别		获取	频率范围	动态范围
动作电位		微电极	100 Hz～2 kHz	10 μV～100 mV
电神经图(ENG)		针状电极	100 Hz～1 kHz	5 μV～100 mV
视网膜电图(ERG)		微电极	0.2～200 Hz	0.5 μV～1 mV
眼电图(EOG)		表面电极	DC～100 Hz	10 μV～5 mV
脑电图(EEG)		表面电极	0.5～100 Hz	2～100 μV
诱发电位(EP)	视觉诱发电位(VEP)	表面电极	1～300 Hz	1～20 μV
	体感诱发电位(SEP)	表面电极	2 Hz～3 kHz	
	听觉诱发电位(AEP)	表面电极	100 Hz～3 kHz	0.5～10 μV
肌电图(EMG)	单纤维	针状电极	500 Hz～10 kHz	1～10 μV
	动作电位	针状电极	5 Hz～10 kHz	100 μV～2 mV
表面肌电图(SEMG)		表面电极	2～500 Hz	50 μV～5 mV
心电图(ECG)		表面电极	0.05～100 Hz	1～10 mV

二、生物阻抗信号

组织的阻抗包括与其成分、血容量、内分泌活动、自主神经系统活动等相关的重要信息。通常借助置于体表的电极系统向检测对象送入微小的交流,检测相应的电阻抗及其变化情况,然后根据不同的应用目的,获取相关的生理和病理信息。

如血流图是采用生物电阻抗的基本原理,通过一种无损伤的微弱高频电流,检测人体被检部位两个电极之间的电阻抗信息,又称电阻图,或电阻式血管容积描记,是一种无创伤性检测生物体各部位血液供应情况和血管功能(弹性、紧张度、外周阻力及其调节功能等)的生物物理学方法。利用生物电阻抗血流图仪检查的部位有脑循环、肺循环、心功能、肝循环、肢体等,凡影响血管功能的疾病均可进行血流图检查,也可用于科学研究、运动医学研究等。

三、生物磁信号

大脑、心脏、肺等多种器官均会产生及其微弱的磁场(10～9 T 至 10～6 T)。生物磁信号就是对生物组织自身产生的这些电磁信号进行采集和测量(表 7-2)。由于测量的是低水平磁场,因此生物磁信号通常信噪比非常低。如:脑部磁共振成像技术为研究人员进行“观察活动中的大脑”过程提供了更好的帮助,它不仅在时间分辨率方面有显著的提高,而且在空间定位方面更加精确,甚至可以达到毫米级别。

表 7-2　生物组织的电信号与磁信号测量技术

测量部位＼类型		生物电	生物磁
神经细胞		脑电图 (Electroencephalography,简称 EEG)	脑磁图 (Magnetoencephalography,简称 MEG)
		神经电图 (Electroneurography,简称 ENG)	神经磁图 (Magnetoneurography,简称 MNG)
		视网膜电图 (Electroretinography,简称 ERG)	视网膜磁图 (Magnetoretinogram,简称 MRG)
肌肉细胞		心电图 (Electrocardiography,简称 ECG)	心磁图 (Magnetocardiography,简称 MCG)
		肌电图 (Electromyography,简称 EMG)	肌磁图 (Magnetomyography,简称 MMG)
其他组织		眼电图 (Electro-Oculography,简称 EOG)	眼磁图 (Magnetooculography,简称 MOG)
		眼震电图 (Electronystagmography,简称 ENG)	眼震磁图 (Magnetonystagmography,简称 MNG)

四、生物声学信号

许多生物医学现象会造成噪声,如:心脏内血液的流动产生的声音,或者自消化道、关节产生的声音。

五、生物化学信号

生物化学信号是从活组织或样本中进行化学测量的结果,如血液或呼吸系统中氧气的局部压力(pO_2)和二氧化碳的局部压力(pCO_2)或血液 pH 值。生物化学信号通常是超低频的,大部分生物化学信号是 DC 信号,如血气、呼吸气体等。

六、生物力学信号

生物力学信号包含应用于力学领域的所有信号。这些信号包含移动、位移信号,压力张力、流动信号,以及其他信号(如血压、气血、消化道内压和心肌张力等)。

力学信号的测量要求配有传感器,力学现象是不传导的,跟电场、磁场及声场一样,因此传感器要置于正确的位置。

七、生物光学信号

生物光学信号是生物系统光学功能的结果。如:血氧可以通过测量组织(体内或体外)中传输和散射光的波长进行评估。

八、热信号

热信号主要测量体核温度或表面温度的分布信息。温度的测量可以反映有机体物理或生物化学的加工过程,通常采用接触式方法,使用各种温度计,特殊情况下也可以使用热成像仪。

九、放射信号

放射信号由电离与生物结构的相互作用形成,能够探测生物体内部解剖结构的信息,在诊断和治疗中有重要作用。

十、超声波信号

超声波信号由与有机体组织的交互形成,传递生物结构的声阻抗以及解剖学变化信息,通过配有压电式转换器的探针获取。

任务二　人体生物信号及其测量

人在着装状态下执行体力和脑力任务时,由于环境因素、服装因素、身体因素等各种因素的影响,生物信号会产生相应的变化,如服装与人体之间的压力以及服装与皮肤之间形成的微气候会导致肌电、皮电、心电等信号的变化等。这些生物信号的变化可以通过相应的仪器进行测量。

一、心电

心电指的是心脏活动期间所发生的电变化,这种电变化可从人体表面安放电极测量出来,把测得的结果描记成图,既是心电图。

将心率作为观察心理活动的途径由来已久,例如测谎很早就用心率变化作为指标。心率只是心电的一部分,心电活动还包括 T 波的变化。近代科学家对心率的变化进行了进一步的研究,把它划分为时域的变化和频域的变化,频域再进一步区分为高频段和低频段,这就是所说的心率变异性。以心电为指标进行服装研究主要有心率、心率变异性和 T 波三个指标。心率和心率变异性的变化通常用来与休息状态进行比较,从而进行着装舒适性的研究。

(一) 心率

心率(Heart Rate,简称 HR)是心脏在一定周期内(通常是 1 min)跳动的次数。

1. 舒适区间

心率可因年龄、性别及其他生理情况而不同。正常成年人安静时的心率有显著的个体差异,平均在 75 次/min 左右(一般在 60～100 次/min)。初生儿的心率很快,可达 130

次/分以上。在成年人中，女性的心率一般比男性稍快。同一个人，在安静或睡眠时心率减慢，运动时或情绪激动时心率加快，在某些药物或神经体液因素的影响下，会使心率发生加快或减慢。经常进行体力劳动和体育锻炼的人，平时心率较慢。

2. 测量仪器

心率可以通过心电图(ECG)获得。ECG是利用心电图机从体表记录心脏每一心动周期所产生的电活动变化图形的技术。对整体心脏来说，心肌细胞从心内膜向心外膜顺序除极过程中的电位变化，由电流记录仪描记的电位曲线称为除极波，即体表心电图上心房的P波和心室的QRS波。

3. 导联方式

心电的测量通常多采用国际通用导联体系，共包括12个导联，称为标准导联。有两种导联方式：一种是肢体导联，一种是胸导联(V1、V2、V3、V4、V5、V6)。肢体导联分为两种情况：一种是标准肢体导联，Ⅰ、Ⅱ、Ⅲ；一种是加压肢体导联，aVR、aVL、aVF。

每个电极的名称及位置见表7-3。

表7-3　电极名称及位置

电极名称	电 极 位 置
RA	位于右臂，避免大块肌肉
LA	左臂与RA同样位置
RL	位于右腿，侧部腓肠肌
LL	左腿，与RL同样位置
V_1	胸骨右侧第四肋间(第4第5根肋骨之间)
V_2	胸骨左侧第四肋间(第4第5根肋骨之间)
V_3	V_2与V_4导联连线的中点
V_4	左锁骨中线与第五肋间(第5第6根肋骨之间)相交处
V_5	左腋前线，与V_4导联水平
V_6	左腋中线，与V_4导联水平

4. 波形

心脏的活动是一个连续的过程，先收缩后舒张，从开始收缩到舒张完毕，每一个阶段都有电信号作为代表。心电图一般由PQRST组成，其中QRS是一个波群(表7-4，图7-1)。

表7-4　心电图波形特征

特征	描　　述	持续时间(ms)
P波	反应左右两心房电活动的过程，首先是窦房结发出信号，然后传向左右心房，引起左右心房的收缩，这时所测量的电活动就是P波	<80
PR间期	P波出现后，信号下传至心室，此时产生的电位很小，在体表无法显示，表现为一段平直的线，这一段被命名为PR间期，意思是指从P波到R波之间的那段时间	120～200

（续表）

特征	描述	持续时间(ms)
QRS 波群	在 P 波之后出现一个心电图中最高的波：R 波；R 波之后有一个向下的波：Q 波；R 波之后有一个向下的波：S 波。QRS 三个波合称 QRS 波群，它们的出现反应心室在收缩	80～100
ST 段	QRS 波群之后到 T 波之前的一段	
T 波	表示心室复极化，除 aVR 和 lead V_1 导联外，其他导联都通常向上	160
QT 间期	是 QRS 波群起点至 T 波终点的时间，代表心室开始除极到心室复极结束所经历的时间	<440
U 波	心室复极后电位	

（二）心率变异性

心率变异性（Heart Rate Variability，简称 HRV）是指逐次心跳周期差异的变化情况。HRV 分为时域（时相）分析和频率（频谱）分析两类。影响 HRV 的因素可分为两类：一是心理因素，二是身体方面的原因。

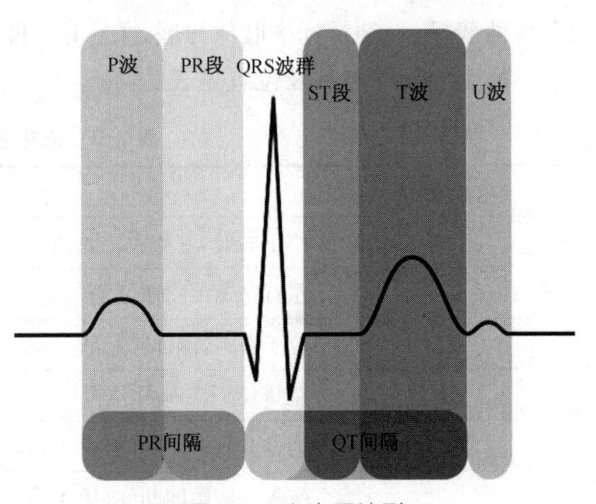

图 7-1　心电图波形

1. 时域分析

是指以时间为序对心率变化进行分析的一种方法。常用的参数有：平均正常 R-R 间期标准差（SDNN），相邻 R-R 间期差的均方（rMSSD），相差大于 50 ms 的相邻 R-R 间期的总数（NN50），相差大于 50 ms 的相邻 R-R 间期的百分比（PNN50），每五分钟正常 R-R 间期均值的标准差（SDANN），每 5 min 正常 R-R 间期标准差的标准值（SDANN index）。

2. 频域分析

指频谱分析，特点是可以把心脏活动的功率与频率因素数量化。常用的频域划分范围：

极低频成分（VLF）：0. 03～0. 04 Hz；低频成分（LF）：0. 04～0. 15 Hz；高频成分：（HF）0. 15～0. 40 Hz。

二、血压和血流

血压（blood pressure，简称 BP）是血液在血管内流动时作用于血管壁的压力，是人体主要的生命特征之一。血管内血液对于单位面积血管壁的侧压力，即压强。由于血管分为动脉血管、毛细血管和静脉血管，因此也就有动脉血压、毛细血管压和静脉血压。如果没有特殊说明的话，血压通常指的是体循环的动脉血压，在被试上臂测量。血压通常以收缩压（最大值）到舒张压（最小值）表述，心室收缩，血液从心室流入动脉，此时血液对动脉的压力最高，称为收缩压（systolic blood pressure，简称 SBP）；心室舒张，动脉血管弹性回缩，血液仍慢慢继续向前流动，但血压下降，此时的压力称为舒张压(Diastolic Blood Pressure，简称 DBP)。以毫米汞柱(mmHg)为单位。成人正常血压大约为 120/80 mmHg。血压的改变取决于环境、活动和疾病等，受神经系统和内分泌系统的控制。

血压通过动脉血流的暂时停止进行测量，使用袖口装置套在上臂上，空气充入袖套中直到血流停止，空气释放，血液开始继续在动脉内流动，当血液开始重新流动时，即测得血压。

(二) 舒适区间

成人的不同类型血压见表 7-5。

表 7-5　成人的血压分类

类　别	收缩压(mmHg)	舒张压(mmHg)	类　别	收缩压(mmHg)	舒张压(mmHg)
低血压	<90	<60	高血压 1 期	140～159	90～99
理想血压	90～119	60～79	高血压 2 期	160～179	100～109
高血压前期	120～139	80～89	高血压危症	≥180	≥110

(三) 测量仪器

动态血压测量仪(ABPM)具备便携性、可重复性、无创伤性等特点，通过 24 h 动态血压的监测可以进行工作负荷评价。

用 ABPM 来评价工作负荷包含以下步骤：

(1) 通过客观方法选择恰当的工作进行分析(如工作内容问卷)。

(2) 进行日间正常活动的调查问卷(对于设计测量间隔非常有必要)。

(3) 记录以下问题：

- 时间(使用手提计算机记录时间)；
- 环境(在哪儿，当前的活动，身体姿势，是否独自一人等)；
- 状态(建议观察精神和体力负荷、情绪、知觉控制等)。

(4) 根据被试数量准备血压检测仪。

(5) 给被试安装血压检测仪。

(6) 指导被试关于 BP 测量的一些注意事项，如佩戴仪器如何睡觉。

(7) 被试可以开始日常工作。

(8) 24 h 后移除血压检测仪。

(9) 传输数据到计算机中。

三、肌电

肌电图(Electromyography，简称 EMG)是指应用电子学仪器记录肌肉静止或收缩时的电活动，及应用电刺激检查神经、肌肉兴奋及传导功能的方法。EMG 可以进行外部负载、身体姿态或关节活动的研究，如：

- 工作场所和工具设计中的肌肉负荷(静态的/动态的)
- 超负荷导致的局部肌肉疲劳

· 肌肉协调

(一) 肌电图的分类

根据生物电活动引导方法的不同，肌电图可分为针电极肌电图和表面肌电图两种。

针电极肌电图通过针电极将刺入肌肉组织距离针尖约 75 μm～3 mm，即一两根或到数十根肌纤维的电活动加以引导、放大和记录。伴有轻微针刺损伤，但定位精确，常用于临床医学和康复医学的神经肌肉疾病诊断和疗效观察与评价。

表面肌电图(Surface Electromyography，简称 sEMG)是肌肉收缩时伴随的电信号，是在体表进行无创检测肌肉活动的重要方法，是一种非平稳的微弱信号(图 7-2)。sEMG 主要是利用贴在体表的表面电极接收体表肌电信号的变化，经过放大、滤波及模数转换，形成量化的波形。sEMG 更多地应用于人机功效(工作场所评估、产品设计、损伤防护)和体育运动(监测、训练优化、损伤防护、康复)等领域的研究。

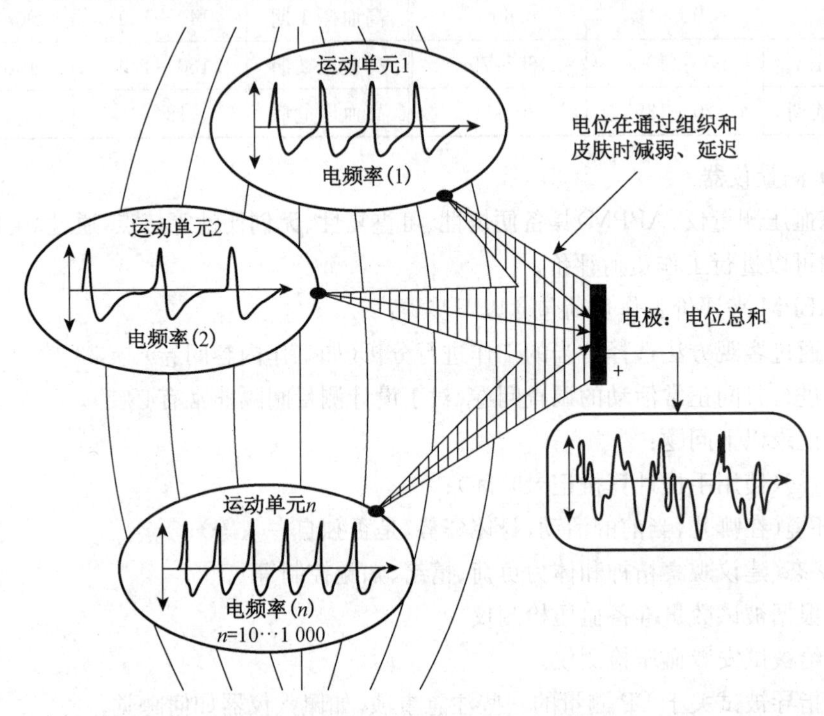

图 7-2　使用表面电极的 EMG 信号

(二) 测量方法

运动时涉及的肌肉众多，因此，选择合适的肌肉非常重要，这要求主试对人体解剖结构非常熟悉。电极片放在要测量骨骼肌的肌腹中央部位，参考电极一般放置于没有肌肉的骨性标志上。对每块肌肉而言，电信号都将传到前置放大器中使得该信号适合深入加工，随后进行与肌肉活动相关的滤波，以去掉电子干扰、噪声等。最后，加工过的信号连同相关的任务条件进行统计分析及评价。

(三) 肌电信号的影响因素

1. 解剖及生理因素

(1) 肌纤维类型。较大的或激活阈值较高的运动单位，其所支配的肌纤维直径较大，动作电位的传导速度及幅度相应也较高。

(2) 肌纤维长度。肌肉拉长时,厚度变薄,EMG 信号振幅相应增大,高频成分增多。

(3) 皮脂厚度。皮脂厚者,信号幅度相应减小,低频成分则相应增多。

(4) 肌力。肌力增大时,信号振幅增大,高频成分增多。

(5) 疲劳状态。中等负荷水平下,信号振幅增大,频率降低。

2. 环境及测量学因素

(1) 电极:电极越大,采集到的信号的高频成分就相对越多;电极间距越大,记录到的信号高频成分越少;电极应置于运动肌的纵向中线上的肌腹部位,不能靠近或置于肌腱或肌肉的边缘。

(2) 噪声:主要来自检测仪器及环境电磁干扰。

(3) 机体运动:表面电极与皮肤间的相对运动造成的干扰,电极与放大器之间的运动造成的干扰。

(三) 数据处理分析

1. 信号分析的目的

研究信号特征与肌肉结构及活动状态和功能状态间的关联性。探讨 sEMG 信号变化的可能原因。

2. 信号分析的指标

(1) 时域分析。

时域分析主要反映信号振幅在时间维度上的变化,主要用于检测肌肉兴奋收缩时间和肌肉收缩时的肌张力,主要指标有积分肌电值、均方根值。振幅与肌肉不同负荷下的生理生化变化密切相关,时域指标可实时反映肌肉的活动状态。

(2) 频域分析。

频域分析是指在频率维度上对信号进行分解以获得在不同频率上的信号分量,从而观察其变化特征,主要指标有平均功率频率(MPF)、中位频率(MF)。通过观察功率谱由高频向低频漂移的程度,即 MF 和 MPF 值的下降来评价肌肉疲劳程度。

四、皮电

皮电是皮肤电活动现象的通用术语,它是随汗腺活动而出现的一种电现象,它和心理活动密切相关。人因和工效学中通常通过皮电来探测工作负荷、精神压力以及情绪紧张程度。

皮电的产生机制相当复杂,而且受多方面生理因素的调节和影响,对皮电发生的机制还需进一步探索和研究。但是到目前为止,汗腺活动是产生和影响皮肤电传导的重要因素,已被实验证实。由于汗腺的活动是受体内外温度和人的心理生理活动两种主要因素的影响,尤其是人的心理生理反应性泌汗是受交感神经作用引起的,因此皮肤电可以用作评价情绪唤起水平和某些心理活动的指标。

(一) 测量方式

目前对皮肤电的测量基本上都是依靠直流电压法,也就是把两个电极分别接到皮肤的两个部位,并把电极与电流计和外接电源进行串联,当电路接通后就会在人体构成的回路中产生一个电流传导,使电流计指针偏转。如果此时再给予刺激引起被试的心理兴奋,则会降低电阻值而增大电流。皮肤电测试就是根据这一原理实时记录皮肤电阻的变化,从而间接反映人体情绪唤醒的变化。

(二) 测量部位

由于皮肤电活动与汗腺活动密不可分,因此在测量时,一定要有一个电极安放在有汗腺的部位,另外一个电极安放在没有汗腺活动的地方,作为参考电极。

(三) 皮肤电活动的波形、数值

皮肤电的测量有电阻的测量、电导的测量以及电位的测量。电阻的测量一般以欧姆为单位,电导的测量以西为单位,电位(电压)的测量以毫伏为单位。

(四) 测量注意事项

(1) 在进行皮肤电实验前,要向被试解释清楚该实验的无创伤性,要求其放松,在测试期间心情保持平静。

(2) 微小的动作也会使皮肤电发生变化,因此在测量期间被试要求避免做任何动作,比如搔痒、头部转动、深呼吸、咳嗽等。

(3) 测量时间不宜过长。

(4) 实验环境应保持安静,以避免对实验结果的干扰。

(5) 实验前被试剧烈运动、服药等均影响实验结果。

(6) 夏天被试出汗对结果影响很大,应当调节室温。

(7) 冬天室温低于 20 ℃时不宜进行皮电研究,室温波动保持在±1 ℃。

(8) 如果所测量的是皮肤电位变化,则很容易受其他测量手段的干扰。如在测量皮肤电位变化的同时,被试身体上又安放了其他电子仪器,这时皮肤电位的测量会因为交流电的干扰而无法正常记录。

利用皮肤电进行研究比其他指标更复杂,但是当受到外界刺激或心理活动发生变化时,皮肤电活动比心电、脑电更敏感,变化更显著,因此非常适合用来测量情绪波动。

五、呼吸

呼吸是指机体与外界环境之间气体交换的过程。人的呼吸过程包括三个互相联系的环节:外呼吸(包括肺通气和肺换气);内呼吸(指组织细胞与血液间的气体交换)以及气体在血液中的运输。正常成人安静时呼吸一次为 6.4 s 为最佳,每次吸入和呼出的气体量大约为 500 mL,称为潮气量。当人用力吸气,一直到不能再吸的时候为止,然后再用力呼气,一直呼到不能再呼的时候为止,这时呼出的气体量称为肺活量。一个呼吸分为三个部分:呼气、屏息、吸气。

(一) 呼吸评估

呼吸评估是测量与气体交换有关的参数,有呼吸的深度评估和呼吸的频率评估两种。

呼吸的深度通常依据呼吸容量进行表述(每一次呼吸的量);呼吸的频率通常依据呼吸率进行表述(每分钟呼吸的次数),数据测量必须在休息状态下进行测量,许多因素可以影响呼吸频率,如年龄、情绪状态、空气质量、运动、内部温度、与心肺有关的疾病等,女性呼吸频率高于男性，常见的呼吸值见表 7-6。

表 7-6　常见的呼吸值

人　群	每分钟呼吸次数	年　龄	每分钟呼吸次数
婴儿	30 或以上	成人(非正常)	<10 或>20
儿童	22～28	老年人(≥65 岁)	12～28
青少年	16～20	老年人(≥80 岁)	10～30
成人(正常)	12～18	—	—

(二) 应用

由于其简易的评价方式，呼吸频率可以方便的用于工作负荷评估以及任务环境中的潜在危险评估。另外，呼吸也可以与一系列重要的功能性心理维度紧密结合起来，如反应要求、评估模式，可以表达各种情绪维度的不同程度(图 7-3)。

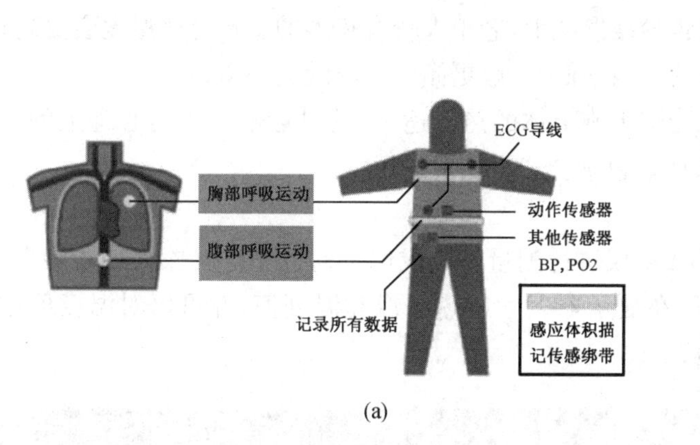

图 7-3　(a) LifeShirt 监控设备示意图，(b) 监控夹克和数据采集装置实例

六、温度

人体的热调节系统试图在 36.1 ℃～37.2 ℃之间保持一个相对稳定的内部温度(体核温度)，体核温度必须保持在一定范围内以避免对健康和效能的严重损害，当体力劳动开始执行的时候，额外的体热生成，假如在环境温度中增加相对高的湿度，可能导致疲劳或潜在的健康威胁。

人体通过增加血液循环来保持热平衡，因此，夏天人体会出汗，冬天人体会减少对皮肤的血液循环，通过颤抖来保持四肢温暖，通过新陈代谢和体力劳动来发热。

为了保持体内的热平衡，身体与环境主要通过四种方式交换(获取或释放)热量。

(1) 对流。这个过程取决于空气与皮肤温度之间的温度差，假如空气温度高于皮肤温度，则皮肤从空气中吸收热量，身体开始热增量；假如空气温度低于皮肤温度，则身体开始释放热量。

(2) 传导。这个过程与皮肤和表面直接接触物体之间的温度差有关。如：触摸热的火炉，皮肤获取热量并且可能灼伤。

(3) 蒸发。这个过程取决于皮肤的水蒸气和环境的水蒸气(或相对湿度)之间的温度差。

(4) 放射。这个过程与皮肤的温度和环境表面的温度差有关,如站在日光下。

(一) 舒适区间

舒适区间是指人体对环境温度和湿度的生理反应在正常可调节范围内。当这些生理反应超出正常情况时,个体会感觉不舒适,人体感觉的感觉舒适度受以下环境因素的影响:

- 气温—舒适区间,20～25 ℃(68～78 °F);
- 相对湿度—舒适区间,30%～70%;
- 气流速度—舒适区间,0.1～0.3 m/sec(20～60 ft/sec)。

其他与感觉舒适度有关的因素有:

- 工作量:工作负荷越重,温度和湿度的最高上限必须越低;
- 辐射热:如熔炉、太阳、烤箱、辐射—加热灯等;
- 衣服:穿着服装的类型和数量及其保温值决定了温度和湿度的上限;
- 年龄:由于代谢率随着年龄缓慢减少,老年人较青年人的感觉舒适温度会更高;
- 性别:由于女性比男性的代谢率低,一般更倾向于温暖的环境;
- 颜色:周边环境的颜色能够影响个体的热舒适度,这种影响通常是心理上的。如大面积红色时,人会感觉温暖,而蓝色则会产生相反的感觉。

(二) 着装热舒适性测量

温度可以通过温度计或热成像仪进行测量。热成像是通过非接触探测红外能量(热量),并将其转换为电信号,进而在显示器上生成热图像和温度值,并可以对温度值进行计算的一种检测设备(图7-4)。

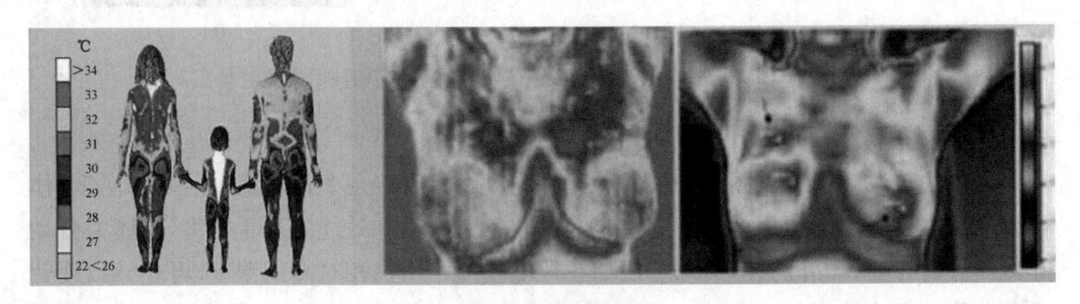

图7-4 热成像图

(三) 评价指标

在热舒适性主观评价技术中应用频率较高的评价指标有感觉温度 ST(Subjective Temperature)、有效温度 ET(Effective Temperature)、不快指数 DI(Discomfort Index)、4小时出汗率 4WR(4 Hours Sweet Rate)、热应力指数 HSI(Heat Stress Index)、预测平均热反应指标 PMV-PPD(Predicted Mean Vote-predicted Percentage of Dissatisfied)、热平衡准则数 HB(Heat Balance)等。

(四) 热舒适标尺纳蒂克麦金尼斯

目前,常用于热舒适性研究的是美国陆军纳蒂克(Natick)装备研究所的研究人员约翰·麦金尼斯(John McGinnis)设计的一个13级的强度标尺(表7-7)。这种标尺既可以用于热应力评价,也可以用于不同气候条件下的安全评价,具有较高的可靠性。

表7-7　McGinnis 热舒适主观评价等级

等级	现在感觉	等级	现在感觉
1	无法承受的冷	8	温暖感觉舒适
2	冻僵了	9	温暖,感觉不舒适
3	非常冷	10	热
4	冷	11	非常热
5	凉爽,感觉不舒适	12	几乎不能承受的热
6	凉爽但相当舒适	13	极热而烦躁,无法承受
7	舒适		

(五) 其他评价标尺

除上述几种常用的服装热舒适性评价标尺外,还有一种比较实用且简单的标尺,可以用来评价所穿服装的热舒适性(表7-8)。

表7-8　热感主观标尺

标尺感觉值	−2	−1	0	1	2	3	4	5
感觉特征	凉	稍凉	舒适	稍暖	暖	稍热	热	很热

任务三　人体生物信号与服装

除在着装状态下执行体力和脑力任务的人体生物信号测量外,智能服装的出现也拓宽了生物信号在服装中的应用。特别是随着成本降低等一系列因素的推动,智能服装被看作最具发展潜力的健康可穿戴设备。正如OMsignal公司的联合创始人史蒂芬妮·马尔索(Stéphane Marceau)所说:"智能衣服使用方便,因为在众多的可穿戴设备的媒介中,衣服是唯一一种我们在日常生活中一直要用到的东西。由于人们对健康的关注度越来越高,在未来十年内,人们买到的每一件衣服中都将可能植入一些生物反馈传感器。"

一、智能服装

可穿戴技术作为一个新兴的跨学科领域,主要探索和创造能直接穿在身上或是整合进用户的服装或配件的设备的科学技术。服装作为人们日常生活必不可少的装备之一,将可穿戴技术整合进服装中并形成具有一定感知和反馈双重功能的服装称为智能服装,它不仅能够感知外部环境或内部状态的变化,也可以通过反馈机制,实时地对这种变化做出反应。

服装主要通过两类方式实现智能:一类是运用智能服装材料,如形状记忆材料、相变材料、变色材料等进行智能服装设计制作;另一类是将传感技术、微电子技术和信息技术引入人们日常穿着的服装中,如应用柔性传感器、低功耗芯片技术、低功耗无线通信技术和电源等,进行医疗检测,追踪用户的生命体征(心率及其他生命体征),或进行健身指导(如热量消耗、压力水平检测)等。

二、生物信号在智能服装中的应用

生物信号在服装中的应用最初是为了满足特种场合的使用,如应用在军事领域以提高作战防御能力。随着科学技术的发展和人们需求的日益提高,除了在军事领域发挥作用外,也被应用于医疗护理、高性能运动装以及高附加值休闲服中。过去几年中,通信和传感器技术相继被集成到服装中,如鞋子、衬衫、腰带,甚至首饰或手表中进行智能服装的研发,以满足人们不同用途的需要。总体来看,生物信号在服装中的应用主要集中在医疗监护、运动健身、工作负荷检测等领域。

(一) 医疗监护

生物信号应用于服装中代表了健康护理系统中一种先进的方法,将原本附加的移动设备整合到日常的着装中,目的是通过信息和交流技术(如病人和远程医疗提供者之间生理信息不间断传输装置)的支持,收集临床数据,帮助使用者进行健康监测,监视穿衣人重要的生命特征,如为老年人和久病的患者进行重要参数的收集,通过局域网传递到家人或病人的智能手机或计算机中,医生可以远程根据情况判断是否需要进行紧急治疗,并及时发出报警信号。家庭医疗的实现可以帮助老年人或慢性病人在家里实现实时的医疗监护,病人和医生之间可以随时随地进行诊断和治疗。

美国在 1999 年就进行了智能衬衫的市场推广。这件衬衫装备有传感器,能够测量心率和肺部活动,此外还加入了通过互联网向监控室提供医疗数据的选项,并对数据进行分析。

蒙特利尔 OMsignal 公司研制出了配有传感器的 T 恤,可以追踪人们的生命体征(心率以及其他生命体征)、热量消耗,甚至压力水平。该产品是由生物识别材料和智能纺织品制成。OMsignal 开发了一系列的运动服,可以测试人们的心率、呼吸频率和燃烧的卡路里数量。

(二) 运动健身

运动服装领域的智能服装主要体现在新型纤维材料(如抗菌纤维、相变纤维等)和智能设备上(如运动胸衣的心脏监护)。加拿大滑铁卢大学研发的 Athos 智能运动衣和短裤,就是将肌电运动传感器内置到服装面料中,通过测定肌肉纤维收缩的波动幅度来分析身体部位的运动状态和肌肉疲劳情况等生理数据,然后把这些信息传输到智能手机的软件中,以各种图表的形式呈现给使用者进行各部分肌肉的运动状态的判断。

(三) 工作负荷监测

所谓工作负荷,是指单位时间内人体承受的工作量,包括体力工作负荷和心理工作负荷两个方面。合理的工作负荷直接关系到工作效率。人在着装状态下执行体力和脑力任务时,由于环境因素、服装因素、身体因素等各种因素的影响,生物信号会产生相应的变化。

人体由休息状态转为活动状态的初期，兴奋水平逐步上升，生理上表现为心率加快、血压增高、呼吸加剧，人体内各种化学酶和激素的活性或数量增加。劳动强度越大，这些变化的幅度也就越大。同时随着活动时间的持续，人体内许多代谢产物逐渐积累起来，导致内环境发生改变，因此，可利用上述生理指标的变化来测定人体工作负荷水平。在体力工作负荷变化时，心肺功能是最容易引起变化的生理变量。吸氧量、肺通气量、心率及血压随着工作负荷水平的增加而增加。生理变化的测定也可以使用某些派生的吸氧量和心率指标，如：活动结束后心率恢复到活动前水平所需的时间、肌电图等。通过这些变化指标，可以侦测到人体心理、生理的综合反应情况，根据这些指标调整着装条件和工作负载。

模块八 眼动测试技术

视觉是人类获得信息，进行信息加工的各种感知方式中最重要的一种方式，也是人类接受信息量最大的一种知觉工具。对于纺织服装行业，来自外界的信息约有80%是通过人的眼睛获取的，人们通过视觉加工对产品进行感知和判定。眼球运动(简称眼动)对人的心理变化的研究在服装领域显得越来越重要。近年来，一些测量眼动规律的精密仪器(简称眼动仪)相继产生，为推进眼动心理学研究迈进了重要一步。

任务一 眼动生理机制

一、眼睛的结构

(一) 眼睛

人眼的形状类似一个球状体，直径大约为23 mm，眼球的构造见图8-1。平常接收的外界信息中约有80%来自视觉。眼睛主要由屈光调节系统和视觉感受系统组成。屈光调节系统由角膜、瞳孔、房水、晶状体、玻璃体和睫状肌等组成，起到聚焦成像的作用。视觉感受系统由视网膜和大脑的视觉皮质中枢等组成，能够接收外界光信号并成像。

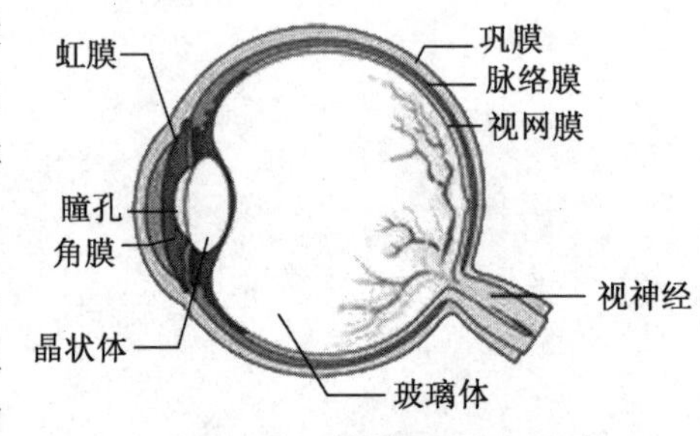

图8-1 人眼球的构造图

眼球壁从外到内分为三层，纤维膜、色素膜、视网膜。眼内容物包括房水、晶状体和玻璃体，三者都是透明的，具有屈光作用。视觉是由外界物体发出或者反射的光线，透过角膜和瞳孔，经过房水、晶状体和玻璃体折光装置的折射，使光线聚焦在视网膜上，再穿过视神经纤维的节状细胞、双极细胞，引起两种感光细胞(锥细胞和杆细胞)的变化，之后这两种感光细胞又反过来影响双极细胞和节状细胞，从而产生视神经纤维的冲动，沿着视神经通路，最后传到大脑视觉中枢形成视觉。

(二) 角膜

眼角膜是位于眼球前壁的一层透明膜，约占纤维膜的1/6，从后面看角膜呈正圆形，从前面看为横椭圆形。它主要由透明且无血管的结缔组织构成，覆盖虹膜、瞳孔及前房，并为眼睛提供大部分屈光力。当光线进入眼球时，它便会发挥部分聚焦的作用。角膜共有五层组织，最外层是眼睛的保护层。

（三）瞳孔

色素膜分为脉络膜、睫状膜和虹膜三个部分。虹膜为色素膜的前部，角膜的后部，它是圆盘状的薄膜，中间有一个圆孔，称为瞳孔。瞳孔的主要作用是控制进入眼球的光量。瞳孔通过虹膜的扩瞳肌和缩瞳肌来进行扩张和收缩，当外界光线较强时，瞳孔会自动缩小，减少进入眼球的光线保护眼睛；当外界光线较弱时，瞳孔会自动放大，增加进入眼球的光线以看清事物。

（四）视网膜

视网膜居于眼球壁的内层，是一层透明的薄膜。视网膜上存在着人类视觉感受最敏锐的视觉细胞。视网膜由三层神经细胞组成，第一层为光感受器细胞层，由接受光线刺激的锥细胞和杆细胞组成；第二层为双极细胞层，它处于视网膜中光线传播的主通路中，它接受来自光感受器的信号，并将其传递至神经节细胞；第三层为神经节细胞层，它是视网膜的输出神经元，负责传导神经冲动到大脑的视觉中枢。

（五）晶状体

晶状体为一个双凸面透明组织，被悬韧带固定悬挂在虹膜之后玻璃体之前。它是眼球屈光系统的重要组成部分，也是唯一具有调节能力的屈光间质，晶状体的调节能力随着年龄的增长而逐渐降低。

二、眼动的生理机制

眼动追踪，是指通过测量眼睛的注视点的位置或者眼球相对头部的运动而实现对眼球运动的追踪。眼动可以看成是眼动-视觉机制在特定刺激下的输出。刺激方式不同，那么视觉诱发眼动信号的形式也会有所不一样。通常人们把眼动-视觉机制分为两类：反射性眼动机制和主动性眼动机制。前者也叫作前庭眼动机制，是通过前庭系统诱发的眼动的，从刺激信号到眼睛看到这一过程不受大脑控制，属于反射性动作。后者也叫作眼球运动机制，除了前庭眼动系统外，其他刺激信号都要通过大脑皮层中枢的作用，传输到大脑中心的眼动核才能启动眼球运动。

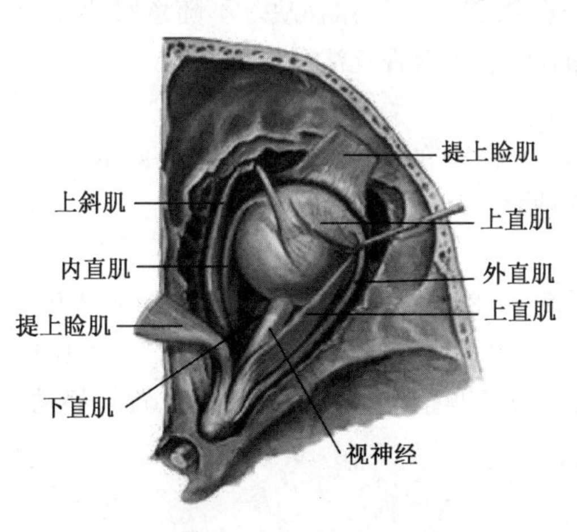

图 8-2　眼肌构造图

眼动通过眼外肌肉的反射活动，保证运动着的物体或复杂物体在网膜上连续成像的机制，也就是眼动的生理心理学机制。眼外肌是由三对肌肉组成(图 8-2)，它们协调并控制着眼球的上、下、左、右方向的运动。三对眼肌分别为内直肌和外直肌，上直肌和下直肌，上斜肌和下斜肌。内直肌由动眼神经支配，外直肌由外展神经支配，它们收缩时眼球向内外方向运动；上直肌与下直肌均由动眼神经支配，它们的活动引起眼球向垂直方向运动；上斜肌由滑车神经支配，引起眼球向下外侧运动，下斜肌由动眼神经支配，引起眼球向上外侧回转。

人的头部质量约5 kg,占人体质量的7%。人的每只眼睛质量约8 g,占人体质量的0.002%。人仅依靠正常的头部运动难以满足清晰的视觉维持,但通过转动眼睛可更为轻便地获得图像。眼球运动的范围大约为18°,超过12°时就需要头部运动的辅助。一般情况下,左右两眼是协调运动,总是向同一方向移动,偏左或右时会出现不协调。

任务二 眼动的基本模式和指标

一、眼动的基本模式

人的眼睛运动有三种基本形式:注视、眼跳和追随运动。眼动可以反映视觉信息的选择模式,对揭示认知加工的心理机制具有重要意义。

(一)注视

注视的目的是将眼睛的中央凹对准某一物体,一般注视过程的时间大于100 ms,通常为200~600 ms。注视的主要作用是获取当前注视点及边缘视野的信息,并进行内容加工(图8-3)。

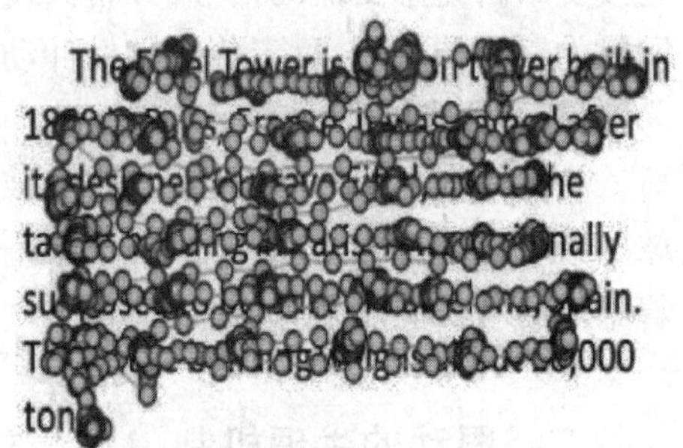

图8-3 阅读过程中的注视点和眼跳

注视的过程中伴有三种眼动:漂移、震颤和微小的不随意眼跳。注视中的三种微小眼动在短时间内会影响视觉敏感度。实验证明,视觉敏感度越差,眼睛漂移的幅度越大,眼震颤也越大。但在长时间的注视中,微小的眼动却能提高视觉能力。

1. 漂移

漂移是不规则的、缓慢的视轴变化,视轴的漂移是1907年由道奇(Dodge)发现。漂移的速度差异比较大,从0分度到30分度不等。最早研究者认为漂移是由于眼球运动而产生的不稳定、无规则运动。后来的研究发现,漂移是为了弥补缺乏不随意眼跳而导致的不稳定注视,或调整不随意眼跳不够准确的情况,使得视觉注视更加准确。

2. 震颤

震颤是一种高频率、低振幅的视轴震动。震颤的振幅为20~40°/s,频率为70~90 Hz。任何漂移都伴有震颤,但两者相互独立。

3. 不随意眼跳

当对静止物体上某一点的注视超过一定时间(0.3~0.5 s),或当注视点在视网膜上的成像由于漂移而远离中央凹时,就会出现不随意眼跳。许多研究者发现双眼跳动在持续时间、幅度和方向上是相同的。不随意眼跳是为了调整漂移导致的注视位置的移动,以校正视网膜上所成的像。

(二)眼跳

眼跳是指注视点间的飞速跳跃,是一种联合眼动(即双眼同时移动),其视角为1°~40°,持续时间为30 ~120 ms,最高速度为400~600°/s。1897年由巴黎大学的路易斯

(Louis)发现的。

在眼跳动期间,由于图像在视网膜上移动过快和眼跳动时视觉阈限升高,几乎不获得任何信息。眼跳的功能是改变注视点,使即将注视的内容落在视网膜最敏感的区域(中央窝)附近,以形成视网膜上清晰的图像。眼跳有两个特点:一是双眼跳动具有一致性;二是眼跳的速度很快。

(三) 追随运动

当人们观看一个运动物体时,如果头部不动,为了保持注视点总是落在该物体上,眼睛则必须跟随对象移动,这就是眼球的追随运动。此外,当头部或身体运动时,为了注视一个运动物体,眼球要做与头部或身体运动方向相反的运动。这时,眼球的运动实际上是在补偿头部或身体的运动,这种眼动也称补偿眼动。当物体运动过远时,眼球追随到一定程度后,便会突然转向相反方向跳回到原处,接着再追随新的对象。在这种情况下,眼球的运动是按追随—向相反方向的跳跃—再追随—再跳跃的方式反复进行的,这就是视觉回视过程(图 8-4)。

图 8-4 阅读中的回视现象

追随运动必须有一个缓慢移动的目标,在没有目标的情况下一般不能执行。当物体运动速度在 50～55°/s 以下时,眼睛通过追随运动跟踪物体,当速度过快时,为了保证清晰的知觉,追随运动中便有眼跳参与。对于静止目标,只存在眼跳。

二、眼动指标

根据大量的研究报告发现,利用眼动实验进行的心理学研究常用的参数主要分为直观性指标和统计分析指标。

(一) 直观性指标

直观性指标主要包括热点图、注视轨迹图。

1. 热点图

热点图(图 8-5)是通过使用不同的标志将图或页面上的区域按照受关注程度的不同加以标注并呈现的一种分析手段,标注的手段一般采用颜色的深浅、点的疏密以及呈现比重的形式。眼动研究中通过眼球注视时间的叠加形成热点图,可分析个体对于刺激材料的哪些区域是更为关注的,进而可作为分析参考。

2. 注视轨迹图

轨迹图(图 8-6)是将眼球运动信息叠加在视景图像上形成注视点及其移动的路线图,它最能具体、直观和全面地反映眼动的时空特性,由此来判定在不同刺激情境下、不同任务条件下、不同个体之间,同一个体不同状态下的眼动模式及其差异性。

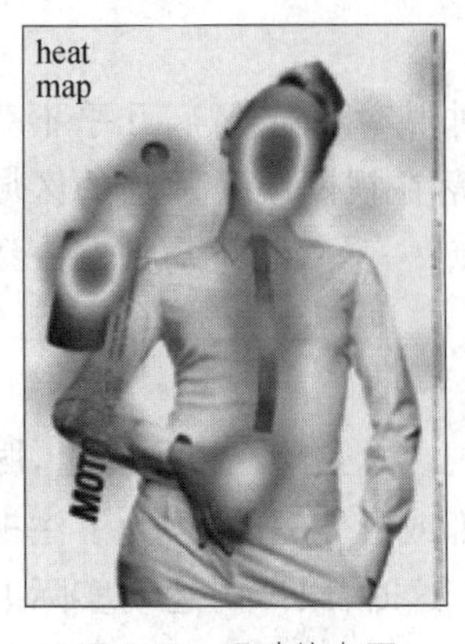

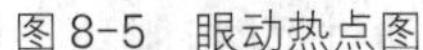
图 8-5 眼动热点图

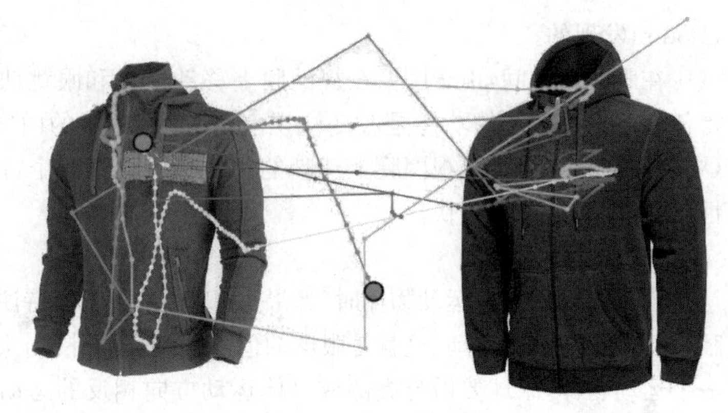
图 8-6 眼动轨迹图

(二) 统计分析指标

根据眼动研究报告中出现的频率，最常见的指标列举如下：

1. 注视次数

是指被测者在观察某一兴趣区域内的平均注视点次数。注视次数越多表明这个区域对于观察者来说更为重要，更能引起注意。

2. 注视时间

是指被测者在某一兴趣区内所有注视时间之和。注视时间越长表明提取信息越困难，或是目标更具吸引力。

3. 首次注视时间

是指对某一区域第一次注视所持续的时间，不用考虑该兴趣区有多少个注视点。

4. 首次注视开始时间

是指开始观看后，经过多长时间第一次注视某一区域。

5. 平均注视时间

是指被测者在某一兴趣区内平均每个注视点的时间，单位为毫秒。停留时间反映信息提取的难度，较短的时间说明被测者进行的是较为简单的视知觉过程，而较长的时间说明被测者进行的是较高级的心理过程。平均注视时间的长短也可以表示这个材料对被测者的吸引程度。

6. 眼跳幅度或眼跳距离

是指两个连续的注视点之间的平均距离，通常用视角表示，单位为度，眼跳幅度是反映知觉广度的一个重要指标。

7. 兴趣区回视次数

回视是指眼睛退回到已注视过的内容上。兴趣区回视次数是指对该区域回视的数量，单位为次。

8. 兴趣区停留时间

兴趣区停留时间指对该区域的包括第一次注视时间在内的时间的总和；兴趣区的注视点百分比指对该区域的所有的注视点的百分比。

9. 瞳孔直径

瞳孔直径反映了个体的兴趣，个体观看有兴趣的事物时，瞳孔直径会变大。通过研究发现，瞳孔直径变化幅度与进行信息加工时的心里努力程度密切相关。当心理负荷比较大时，瞳孔直径增加的幅度也比较大；另外，瞳孔直径与疲劳程度呈反比：当一个人充分休息后，瞳孔直径最大，随着人的疲劳程度加深瞳孔直径逐渐减小。卡尼美(Kahneman)和彼威勒(Peavler)研究发现，在眼动实验开始到结束整个过程中，被试的瞳孔直径不断地缩小。

10. 眼跳距离

是指从眼跳开始到此次眼跳结束之间的距离。眼跳距离大说明被试在眼跳前的注视中所获得的信息相对较多。

11. 注视位置

是指注视点所处的位置，当前的注视位置既是前一次眼跳的落点位置，也是下一次眼跳的起跳位置。在眼动记录数据时，注视位置一般都是以二维的(x, y)坐标系统采样，单位为像素。

任务三　眼动测试技术的发展过程

眼动测量最早始于10世纪的阿拉伯，当时的阿拉伯科学家伊本海萨姆(Ibn Al-Haytham)(图8-7)的著作 *al-Manāzir*，其英文名为 *The Book of Optics*，即《生理光学》(图8-8)，这是历史上第一部生理光学手册。该书显着地改善了光学领域的发展，他以暗箱实验证明光线进入眼睛，所以产生影像，详细地描述了眼睛的结构和视觉系统的解剖学特点，并且提出中心视觉和边缘视觉的概念。在眼动研究的发展中，人类开始意识到眼睛运动的重要性。

图8-7　伊本海萨姆(Al-Haytham)(965—1040年)

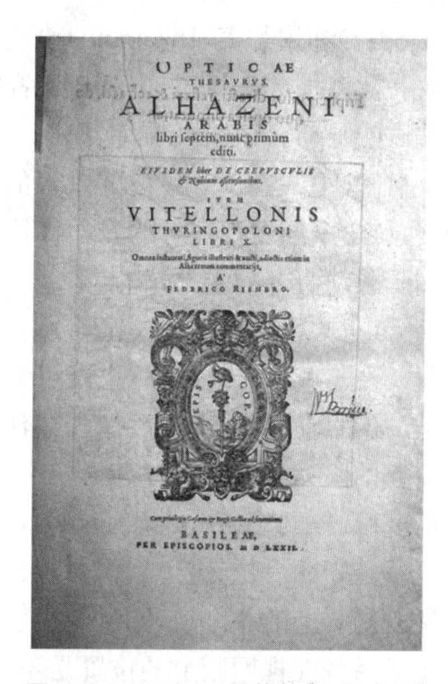

OPTICAE
THESAVRVS.
ALHAZENI
ARABIS
libri septem, nunc primùm
editi.
EIVSDEM liber DE CREPVSCVLIS
& Nubium ascensionibus.
ITEM
VITELLONIS
THVRINGOPOLONI
LIBRI X.
A
FEDERICO RISNERO.
BASILEAE,
PER EPISCOPIOS. M D LXXII.

图8-8　Haytham 所著的《生理光学》

接下来的8～9个世纪中，眼动的研究发展一直沉寂。直到19世纪，随着查尔斯·贝尔(Charles Bell)和约翰内斯·米勒(Johannes Muller)的一系列论文的发表，眼动研究进入到全新阶段。首先，米勒(Muller)发现了视旋转，即眼球是以眼轴为中心进行的旋转；后来，胡克(Hueck)对此理论进行了进一步研究，发现头部的运动可以弥补眼睛在反方向运动的规律。沃克曼(Volkman)则首次提出眼动速度的测量方法。这个时期，眼动技术和研究方法得到迅速发展，眼动技术先后经历了观察法、后像法、机械记录法、光学记录法、影像记录法等多种方法的演变，下面介绍几种重要的眼动记录方法。

一、观察法

(一) 直接观察法

用眼睛直接对被试的眼动情况进行观察，是眼动早期研究的常用形式。1891年法国科学家兰多尔特(Landolt)最先应用直接观察法，研究人们在阅读不同类型文章时的眼动，这也是眼动历史上第一个实验研究记录。1897年法国的眼科医生路易斯·埃米尔·贾瓦尔(Louis Émile Javal)，1898年美国心理学家雷蒙德·道奇(Raymond Dodge)和本诺·埃德曼(Benno Erdmann)用一面镜子，直接观察被试者阅读时的眼动。为了不干扰被试者阅读，主试站在被试身后，观察被试眼球在镜子中的运动情况。1928年美国心理学家华特·迈尔斯(Walter Miles)使用窥视孔法(Peep-hole Method)，即在阅读材料中间穿一个直径为0.635 cm的小孔，主试与被试面对面坐着，为被试拿着材料并挡住自己的脸。当被试阅读材料时，主试通过小孔观察被试的眼动情况。

(二) 镜像观察法

单纯用肉眼进行观察只能看到幅度比较大的眼动，如果眼动幅度在1°以内，需要借助光学仪器来获得放大倍数的图像。1878年贾瓦尔(Javal)使用一架望远镜，为了避免干扰被试者的阅读，放在距离被试前方很远的地方观察被试者的眼动。1898年道奇(Dodge)和埃德美(Erdmann)改进了该方法，将望远镜放在被试者身后，在被试者的前方放一面镜子，进一步防止对被试者的干扰。主试通过望远镜观察镜子中的成像以此判断被试的眼动。1912年奥尔华尔(Ohrwall)使用一台显微镜，将镜头对准被试的眼睛中的小血管，主试通过观察被试血管的移动，借此观察被试的眼动情况。随着眼动研究的发展，科学家们发现现有的光学仪器不能准确有效地得出数据，后来的发展中设计出专门用于眼动研究的光学仪器。

(三) 后像观察法

在一些特定情况下，主试可以利用闪光灯的高强度闪光产生的视觉后像，用以观察被试的眼动情况，即为后像观察法。后像法可以用以研究眼跳、注视以及观察复杂物体时候的眼动。1792年威廉·查尔斯·威尔斯(William Charles Wells)使用后像法发现了前庭眼震颤(Vestibular Nystagmus)。实验时，主试使用强光刺激物，让被试的视网膜上行程清晰的后像，这个后像可能是一个十字、一条直线或者一个小三角形。然后让被试注视屏幕上的一个点，同时观察后像相对于这个参考点的运动，并注意后像的运动轨迹。由于后像在视网膜上的位置是不变的，在屏幕上后像的移动轨迹就反应了眼动的情况。因此，可以通过眼睛与屏幕之间的距离以及后像在屏幕上的移动距离，粗略计算出注视时眼动的角度以及眼动的移动速度。后来的一些眼动实验，如：道奇(Dodge)，1907年；赫尔姆霍茨(Helmholtz)，1925年；杜克·埃尔德(Duke-Elder)，1932年；巴罗(Barlow)，

1952 年都是应用后像法进行的。

观察法是眼动研究早年的一种研究方法，它简单易行。但随着对实验结果的准确性的进一步提高，以及实验仪器的进一步发展，现在已经很少有人用观察法进行眼动研究。但是作为一种小实验，在一些简单的眼动研究中，观察法仍不失为一种好的实验方法。

二、机械记录法

机械记录法，是指眼睛与记录装置的接触连接是由机械传动实现的。这种方法大致分为三个类型。

（一）声鼓法

1883 年拉马尔（Lamare）用一根钝针放在被试者的眼睑上，当被试者在实验过程中出现眼跳时，这根钝针接受到的“咔哒”声就会通过一个放大薄膜和一根橡胶管传送到主试者的耳朵里。这种方法的优点是比起观察法更容易发觉被试的眼跳。

（二）气动法

1913 年萨克维兹（Schackwitz）在一个眼镜架上装设一个小橡皮囊，橡皮囊轻轻靠在眼睑上，橡皮囊的开口处用橡皮管通达到气鼓，气鼓与记录装置相连接。当眼睛运动时，就会触动橡皮囊，使橡皮囊内部压力发生变化，从而使气鼓产生相应改变，记录在连接的记录装置上。

（三）杠杆法

这个方法利用角膜为凸状的特点，通过一个杠杆传递角膜的运动情况。实验时，被试头部通常用支架固定。利用杠杆的支点固定在被试者头部，杠杆光滑的一端在轻微压力下，接触已被麻醉过的眼球表面（角膜），杠杆的另一端在运动的纸带（记纹鼓 photo kymograph）上记录眼动轨迹曲线。1898 年埃德蒙·休伊（Edmund Huey），1914 年欧姆（Ohm）和 1927 年科德（Cord）均使用过类似的方法。

眼动的机械记录法属于侵入式记录方法，并且需要使用麻醉剂对被试的眼睛有一定伤害，记录过程复杂，准确性较低，该方法已基本淘汰。

三、光学记录法

（一）反光记录法

这个方法需要将一个小镜子附着在被试的眼睛上，光线射到镜子上再反射回来。反射光线随着眼球的运动而变化，并在记纹鼓上记录下来。马克思（Marx）（1911 年）把镜子粘在铝制的环状物上，再将环状物和镜子一起附着在角膜上。阿德勒（Adler）（1934 年）直接将一个直径为 3 mm 的小薄镜子放置在巩膜上。拉特利夫（Ratliff）和里格斯（Riggs）（1950 年）让被试带上一片隐形镜片，镜片上贴上一面小镜子。实验时，将镜片放置在眼睑内部，并扣在角膜上。亚尔布斯（Yarbus）（1954 年）使用橡胶制成的吸盘，吸盘上附有一面小镜子。利用吸盘上排气的小室，挤出空气使吸盘附着在眼球上，并随着眼球移动，用以记录眼动轨迹。

（二）影视法

影视法包括使用普通照相机、电影摄像机和电视摄像拍摄眼动情况。道奇（Dodge）

和克莱因(Cline)(1901 年)首次使用了照相机记录眼动。贾德(Judd)(1905 年)对被试者的眼睛和脸部进行拍摄(每秒钟拍摄 9 张),实验前将被试的角膜上用白颜料涂上小圆点,实验时将被试的头部固定在支架上防止移动。支架上有两个小亮点,作为参照点分析被试的眼动情况。后来的研究者用摄像机拍摄眼动的过程,更加完整地记录下实验数据。麦克沃思(Mackworth)(1958 年)创造了电视摄像眼动记录法。用一台电视摄像机将刺激景象(被试者观察的对象)拍摄下来,通过电视机播放。被试在观看时,用另一台电视摄像机摄录角膜的反射光源。将两台电视机的信号导入一台机子,即同时可看到刺激景象和眼动轨迹的叠加图像。沙克尔(Shackel)(1960 年)进一步发展电视摄像法,将一台电视机装在被试的头顶上,这样被试可自由观察周围景物。被试的眼动通过眼电记录法,并用第二台电视机拍摄的示波器上的光电运动,作为眼动运动轨迹。

(三) 角膜反射法

这种方法是目前眼动研究领域应用最为广泛的无创记录方法之一。角膜反射着落在它表面上的光,因为角膜是从眼球体表面凸出来的,所以眼球运动过程中,角膜对来自固定光源的光的反射角度也是变化的,即眼球运动时,光以变化的角度射到角膜,得到不同方向的反光。这种变化可以作为分析眼动特征的一种精确变量。1902 年道奇(Dodge)和克莱因(Cline)首次使用这种方法结合影视法进行眼动研究。他们让平行光照在人的眼球上,再让由眼球反射出来的光进入摄影机,从而拍摄下反射光点的运动轨迹,即眼动轨迹。

红外光谱(图 8-9)属于不可见光,红外光的波长比可见光长,由公式

$$c = \nu \cdot \lambda (c\text{:光速,常数;}\nu\text{:频率;}\lambda\text{:波长})$$

可知,红外线的频率较低,再由普朗克公式

$$E = h\nu$$

可知,红外线的能量较低,由于低于可见光频率的光子不能被视网膜上的感光细胞感知,所以红外线对于人的眼睛是不可见的。利用红外光的这个特性来追踪眼动,这种方法称为红外角膜反射法(Infra-red oculography,简称 IR)。

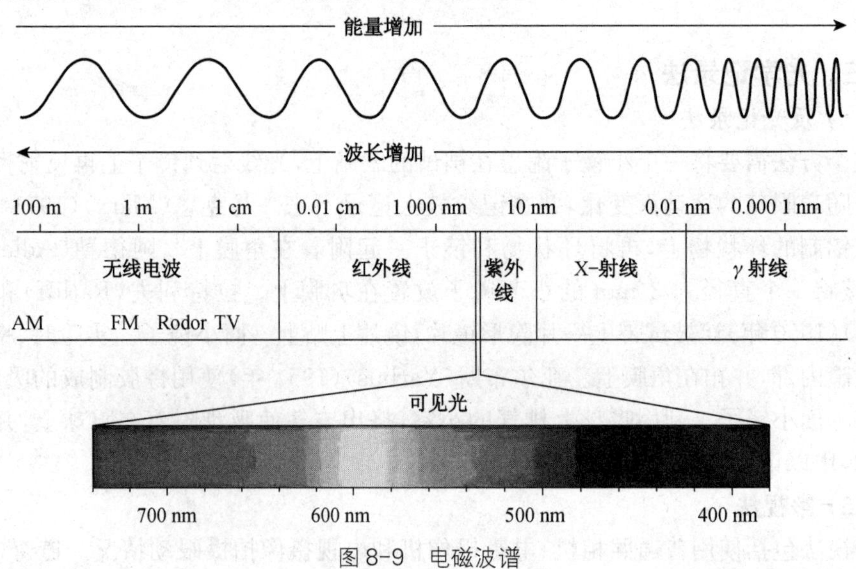

图 8-9 电磁波谱

（四）普金野法

普金野图(Purkinje Image)，又称为普金野-桑森(Purkinje-Sanson)像，是由捷克的解剖学家普金野(Purkinje)和物理学家桑森(Sanson)共同命名。1973年康士维(Cornsweet)和克兰(Crane)首次利用该图像来记录眼动。普金野图像是由眼睛的若干光学界面反射形成的图像。组成眼球的屈光部分主要有角膜和晶状体，一束光进入眼球后，就会形成多个反射面：角膜前表面、角膜后表面、晶状体前表面以及晶状体后表面，这样就形成四个不同的图像，前三者是虚像，第四个是倒立的实像。通过对第一和第四普金野图像相对位置的测量，可以确定眼注视的位置。用普金野图进行眼动测量的仪器称为双普金野眼动仪(Double-Purkinje Eye Tracker)，是目前测量精度最高的眼动仪之一，空间精度可达到弧度单位的分，时间精度可达到毫秒级。

光学记录法的发展是现代眼动仪研发和创新的基础，在眼动研究领域里，依然发挥着极其重要的作用。

四、电流记录法

眼球的运动可以产生生物电现象。角膜和视网膜间存在一个电位差，眼球可以简化为一个带电球体(角膜对网膜是带正电的，网膜对角膜是带负电的)。当眼睛静止目视前方时，可以测量到稳定的基准电位。当眼睛在水平方向或者垂直方向运动时，眼睛左侧和右侧、上方和下方的电位差会发生变化。电位差由置于皮肤相应位置的电级导入放大器，由放大器的电流计或示波器显示读数。眼动电流记录法(Electro-oculography，简称EOG)，即眼球运动的一种电学记录方法，也称为眼电记录法。1922年肖特(Schott)，1929年迈耶斯(Meyers)，1930年雅各布森(Jacobson)和1939年迈尔斯(Miles)都用到电流记录法研究眼动。1939年荣格(Jung)改进了该方法，运用EOG可以同时记录被试者水平和垂直方向的眼动。

20世纪50年代以前，电流记录法是最流行的眼动记录方法之一。电流记录法即使在闭眼的情况下也可以进行眼动测量，并且头部的运动不会影响测量结果，是一种比较好的实验方法。但该方法的缺点是EOG的信号较弱，给数据记录带来一定困难；当电极与皮肤接触不稳定时，会影响测量结果的准确度。

五、电磁感应法

电磁感应法(Scleral Search Coils)是1963年由鲁宾逊(Robinson)发明，用以记录双眼的眼动情况。基本方法是使用一种特殊的角膜隐形镜片，镜片上装入环形探测线圈，被试者带上这个镜片。实验时让被测者处于一个人工磁场内，当眼动发生时，由于探测线圈在磁场中做切割运动从而产生电流，再根据法拉第定律计算电流的大小，从而得到眼动参数。1975年科莱威金(Collewijin)发明了一种由硅橡胶制成的柔性强的小环，可以戴在眼睛边缘，较大地改善了电磁感应法。

电磁感应法是目前眼动领域精度最高的实验方法之一，但该方法属于侵入式记录法，实验中被试者会出现不适现象，因此主要用于动物眼动研究。

六、脑电图法

脑电图是通过精密的电子仪器，从头皮上将脑部的自发性生物电位加以放大记录而获得的图形，是通过电极记录下来的脑细胞群的自发性、节律性电活动。这个方法是根据眼动和脑电波变化之间的关系，间接地测量和分析眼动变化。但由于该技术目前无法精确地确定眼动和脑波之间的关系，该方法的精度较低，应用较少。

以上介绍了几种重要的眼动记录方法，随着电子计算机的不断发展，眼动技术得到了革命性的变化，更加精确化、智能化、生态化，对人类心理现象的研究更加深入。眼动的发展也进一步推进心理学研究的进步。

任务四　常见眼动追踪系统

眼动仪是一种比较复杂的大型心理学精密仪器，它能够跟踪测量眼球位置及眼球运动信息的一种设备，在视觉系统、心理学、认知语言学的研究中有广泛的应用。国外在20世纪初开始研制眼动仪，其眼动记录技术发展到现在已经比较完善，有很多公司根据眼动记录技术开发出了眼动仪。

一、国外眼动仪现状

目前国外的眼动仪主要记录方法有光学记录法、电流记录法、电磁感应法3种。下面介绍一些国外生产眼动仪的著名公司按照不同原理设计的眼动仪。

(一) 光学记录法眼动仪

光学记录法是现代眼动技术中应用最广泛，也是最有效的一种实验设备。这种眼动仪主要依靠眼睛角膜的反射原理进行测量，实验环境舒适，数据精确度高。依据外形结构，这些眼动仪主要分为三类，即头盔式、遥测式和头部固定式。

1. 美国ASL公司

美国ASL公司是世界上知名的研发眼动仪厂商，世界上第一台头戴式眼动仪就是由其研制的。ASL生产的Model H6(原Model 501)，图8-10是一套根据瞳孔—角膜反射原理，应用特定的红外摄像头捕捉眼球运动，适用于操作者可佩戴轻型头戴式光学设备，并且可自由运动的情况。该系统的控制元件小巧精悍，可安装于可调头带上。场景使用彩色摄像头进行记录，固定的场景摄像头(非头部固定)可形成更稳定的高质量图像。该产品还配有ASL EYEPOS操作软件和EYENAL离线数据分析软件程序，可安装至PC或笔记本电脑中。

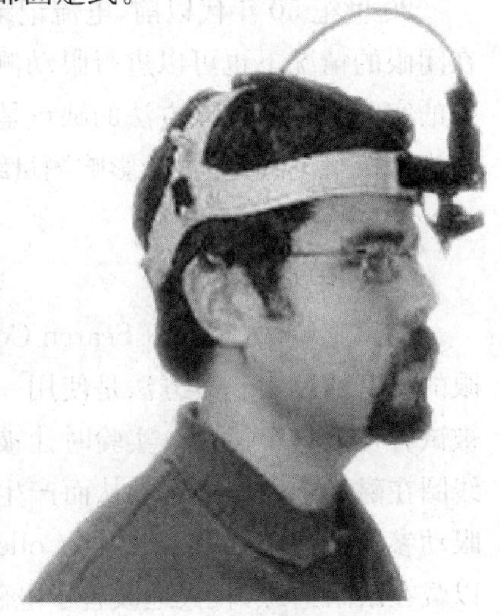

图8-10　ASL Model H6型眼动仪

ASL公司最新研发的移动眼系列(图8-11)是

一个不受限制的系统。该系统设计成眼镜式，佩戴起来更加舒适、更灵活。眼镜可根据多种脸型和尺寸轻松调节，极大地增加了研究实验被试者的有效性。眼睛摄像头的位置可以调节，以适应更多任务的需要，最大化追踪范围。采用 ASL 新一代眼镜式眼动仪的被试者可以佩戴矫正眼镜，这样研究者就避免了被试者选择性的偏差。

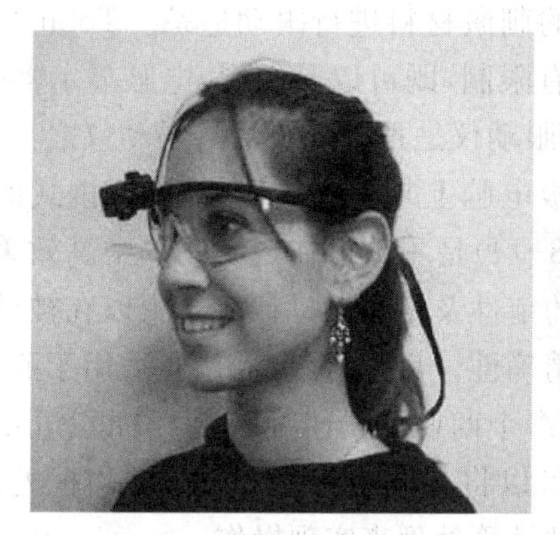

图 8-11 ASL Mobile Eye 型眼动仪

2. 加拿大 SR 公司

加拿大 SR 公司也是最早研发眼动跟踪系统的厂家之一，SR 公司进入中国市场已有 20 多年历史。目前该公司主要生产桌面式眼动仪（Eyelink1000、Eyelink2000）和移动式眼动仪（EyelinkII）。Eyelink1000 是目前采样率最高、应用最广泛的眼动追踪系统，该系统的采样频率为 1 000 Hz（图 8-12）。实验时将眼动采集装置放在被试前方的显示器下方，被试头部不需要佩戴任何装置，实验过程处于自然放松的状态。

EyelinkII 是一款头戴式双眼跟踪设备（图 8-13），具有两种图像处理模式，瞳孔式500 Hz 采样，或瞳孔—CR 250 Hz 采样。该系统结合了定制高速摄像机与超锐度图像处理功能，可达到任何头戴式视频眼部的最高分辨率（噪音界限<0.01°）和最快数据频率（每秒 500 个样本）。系统包括三个小型摄像机，安装在一个舒适柔软的头带上。系统整体设计小巧轻便，具有良好的稳定性和最小的转动惯性，所有这些特点可提高舒适度并降低实验疲劳。该系统可用于真实场景的测试，适用于可行性研究、飞机驾驶、医疗、心理、虚拟现实等领域。

图 8-12 Eyelink1000 型眼动仪

图 8-13 EyelinkII 型眼动仪

3. 瑞典 Tobii 公司

瑞典的 Tobii 公司成立于 2001 年，凭借其杰出的的灵活性和高性能的追踪能力，Tobii 眼动仪能够适应广泛的人类行为研究。Tobii 眼动仪主要分为 Tobii T、Tobii X 和 Tobbi Class 三个系列。Tobii T 系列包括 T60 和 T120 两款，该系列采用集成式眼动追踪系统，主要针对基于电脑显示器呈现的刺激材料进行眼动追踪。Tobii X 系列采用独立的眼动追踪装置，因此对刺激材料没有限制，既可以是电视、电脑显示器等，也可以是投影屏、手机等实物设备。Tobii X 系列眼动仪是目前最灵活的眼动仪之一，可轻松地将它固定在笔记本、电脑屏幕或甚至是平板电脑上来实现紧凑、高度便携式的眼动追踪解决方案。Tobii Glasses 系列眼动仪(图 8-14)是一款可在现实场景中高效采集眼动数据的工具，可应用于基于现实场景或实物的定性及定量眼动研究。可以在被试完全的自然状态下采集眼动数据，确保眼动数据的精确性。目前，该仪器广泛适用于购物者研究，体育运动研究，可用性测试，培训与评估及多个商业和科研领域。Tobii 公司的最新产品 Tobii eyeX 致力于把眼睛变成鼠标，用户可以将其固定在显示器下方边框处，该仪器能够通过监测视网膜和眼球运动，再通过软件计算处理来实现操作。

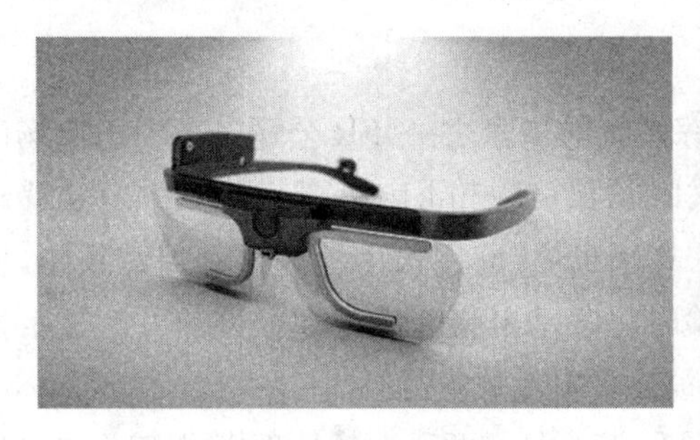

图 8-14 Tobii Glasses 系列眼动仪

除了以上介绍的眼动仪外，应用类似原理生产的眼动仪还包括：澳大利亚的 SeeingMachines 公司生产的 FaceLAB5 眼动仪，德国 SMI 公司生产的 iViewX Red 型眼动仪，美国 LC 公司生产的 Eye gaze communication system 眼动仪等。

(二) 电流记录法眼动仪

法国的 Metrovision 公司生产采用电流记录法原理研制的 Model Mon EOG 眼动仪。该仪器可以记录水平和垂直方向的眼动情况，并且由于仪器不能接触眼睛，头部运动不会影响测试结果，该仪器还可以用于幼儿的眼动研究。加拿大 EyeCan 公司的 VisionKey 系统，美国 Microguide 公司的 Microguide 系统均采用电流记录法。

(三) 电磁感应法眼动仪

荷兰的 SKALAR 公司生产的磁感应眼动记录系统，被应用在神经生理学、阅读和神经病学以及视觉研究领域。

(四) 脑电图法眼动仪

日本的 Melon Technos 公司开发的 MTC-EFRP-V1 (Eye Fixation Related Potential，简称 EFRP)眼动系统是应用脑电图法原理研制的产品。

二、国内眼动仪现状

目前国内的科研机构在眼动研究领域基本采用国外进口仪器，但随着国内眼动技术的不断进步，这也大大加快了国内眼动仪研究发展的速度。国内研究机构目前主要采用两种方式进行眼动仪的开发，一种是购买国外成熟的眼动仪器，在其基础上进行二次开发和升级；一种是完全独立开发一整套设备，包括硬件设备和配套软件。

20世纪80年代末，中国科学院上海生理研究所的张名魁和孙复川研制了红外光电反射眼动测量系统。它通过红外发光管、光敏管发射和接收眼球左右运动时角膜与巩膜反射红外光线大小的变化来测量眼动。

20世纪90年代，由西安电子科技大学研制出一款头盔式的眼动仪，它是利用红外线摄像来得到测试者看到的图像，然后通过计算机来提取瞳孔的坐标，应用标定板完成特定点的标定，最后通过最小二乘法拟合瞳孔位置与注视点之间的映射关系。这种眼动仪价格低廉，但是头盔的重量较大，给测试者带来不适，而且精度偏低，依然有待进一步的提高。北京航空航天大学也在红外头盔式眼动仪方面进行研究。

随后上海大学和浙江大学也分别研制出了眼动仪。上海大学研制的眼动仪系统利用红外光源在眼睛上形成的普尔钦光斑，基于瞳孔和普尔钦光斑的偏移量来估计视线的方向，并提出了利用红外光源在角膜上的成像来修正头部运动带来的影响。浙江大学的眼动系统基于瞳孔中心的检测，集成了标定板、摄像头和光源在一个固定的头盔上。

我国的眼动仪研发技术已取得一定成果，但市场化、精确度、便携性等方面依然有待提高，随着眼动技术的广泛应用，盼望未来市场上能出现更多的国产眼动仪。

三、眼动仪的发展趋势

随着计算机技术的快速更新，眼动仪的智能化还将进一步发展，这将促进其精确度和采样率的大幅度提高。此外，眼动仪向小型化和便携式发展，使得眼动研究可以深入到人们的工作、学习和生活情境中。一些侵入式的眼动记录方法将被淘汰，取而代之的是更加自然、舒适的实验状态。眼动仪的分析软件更加智能化、开放性，不同品牌的仪器可以联合实验并实现数据共享。眼动仪和脑电ERP记录两种技术的结合使用，寻找眼跳的电生理学标志也是未来研究的重要方向（图8-15）。

图8-15　眼动仪和电极帽结合实验

任务五　眼动技术在服装测试中的应用

在大脑获得的全部信息中，大约有80%来自视觉系统。服装作为一种特殊的产品，有三大视觉要素，即款式结构、面料和色彩。一个成功的设计务必要抓住人的眼球。服装的终端卖场营销也是销售的关键，视觉营销对顾客有指导作用，可以引导顾客需求、加速销售过程。这种艺术手段可以让商品周转率更快，同时也吸引顾客的眼球。服装的广告是一种信息传递的方式，而广告的目的是通过对消费者心理的研究，设计出最能激起消费者购买欲的视觉感受。服装行业的各个方面都离不开视觉效用，有效地运用眼动仪对服装视觉方面的探究，有助于提升服装品质，改善营销环境，促进服装行业的进一步发展。

一、眼动技术在服装设计中的应用

应用眼动技术对服装设计的探讨，之前的研究主要集中在服装款式风格量化系统、男装品牌结构特征识别、女装品牌风格识别、服装视觉流程研究和服装色彩心理认知几个方面，下面将介绍相关研究及其取得的成果，希望能给后续研究带来一些启发。

（一）服装风格量化研究

风格是一个很抽象的范畴，服装风格目前没有一个明确的定义。总体来说，服装风格为服装造型、色彩、面料等客观元素与设计师、消费者对其传达的气质的主观感受共同作用下的总体特征。所谓服装风格量化是指以服装风格为研究对象，通过对其进行量化，加大服装风格区分度，使服装风格有据可循，降低服装产品对设计师的依赖，避免了品牌由于设计师的更换导致的风格波动带来的经济损失风险。

1. 基于感性工学的研究

感性工学是日本设计学界于 20 世纪 80 年代后期开始，尤其是 90 年代致力开拓的设计新方向、新学科之一。简单来说就是一种以顾客定位为导向的产品开发技术，一种将顾客感受和意象转化为设计要素的翻译技术。服装风格研究方面，感性工学的研究方法主要是：先基于感性工学中的多元尺度法对初始样本进行相似度分析，得到所有样本在认知空间的坐标值；采用 SD 法（语义差分法）捕捉客户感性量；运用专家访谈法，结合眼部跟踪实验，来检验感性词语与设计要素的相关性；再利用数学建模、计算机编程建立相关数据库，得到结论。

相关学者通过大范围收集能覆盖服装款式造型的风格词，通过问卷调查和眼动实验，得到 6 个代表性样本的评测平均值，最后进行因子分析，得到影响女套装风格的三大因子，分别为复杂因子、潮流因子和气质因子。

相关学者基于产品意象认知理论，以运动休闲女装品牌 E 品牌为例，从服装造型和风格角度出发，结合眼动跟踪技术，使用感性工学中意象尺度法将关键造型元素与产品意象认知关系量化，最后得出了品牌上装造型区域对服装风格影响的排序。

2. 基于款式造型特征的研究

随着我国品牌服装的发展，消费者对于服装款式造型的认识大多依赖于个人的经验和修养，由于缺乏量化的理论知识支撑，对服装结构特征识别的认识不够全面，导致了服装各品牌之间的差异性发展缓慢。品牌结构风格是企业走向规模化的必经之路，是服装品牌成熟的象征。目前较多的研究是通过服装的款式造型为出发点，结合主观问卷调查和客观眼动分析的方法（图 8-16），进行品牌风格量化研究。

相关学者通过对 Boss、D&G、Zegna 三个男西装品牌为实验对象，通过问卷和眼动分析提取品牌的关注部位和各品牌的结构识别特征，最后得到男西装结构部位对品牌识别的影响力由大到小依次为廓型、领型、肩型、袖型、口袋和其他。还有学者应用类似方法对影响女装风格的造型因子进行内部认知研究，最后得到结论是影响服装品牌风格的 5 个造型因子中，其重要性从大到小排序为廓型、领型、衣长、袖型和肩型。

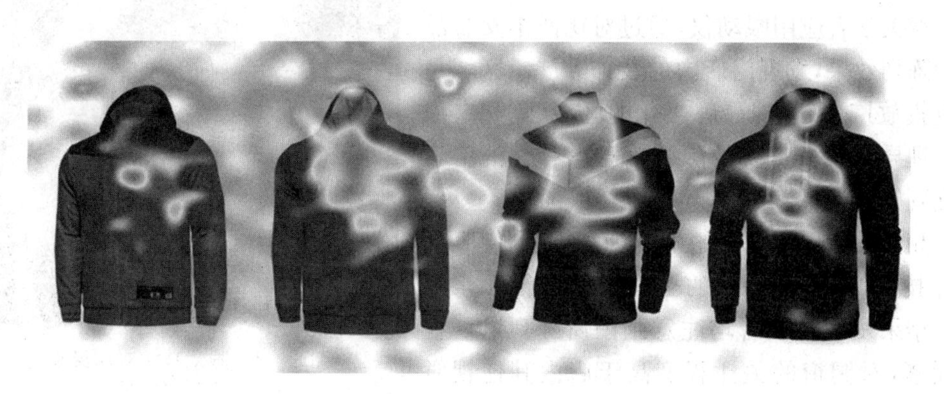

图 8-16　眼动技术对服装款式造型研究的热点图

（二）服装视觉流程研究

视觉流程是指视知觉对信息的感知过程。人用眼睛观察事物时，事物产生的视觉信息作用于视觉器官，视觉随着这些信息按照一定的方向和轨迹停留、转移，其所到达和经过的点构成的路线，形成视觉流程。

相关学者通过眼动仪分析人们对服装视觉中心的关注度，发现视觉流程通常受到人们观察习惯的影响，但改变服装中的色彩、款式、图案、装饰的大小度位置等因素，可以引导并改变视觉流向，形成新的视觉流程。

（三）服装色彩心理认知研究

人类对色彩的感知全部由视觉完成，眼动追踪技术可以检测到人类的眼球运动。色彩在服装美的构成中起着非常重要的作用。对服装设计师来说，正确应用服装色彩的心理效应，能更好地在设计中清晰地表达设计意图，可以通过眼动实验对服装色彩的心理学进行探究。

相关学者从视觉感知的角度出发，选取 8 款不同颜色的女性内衣两两组合为 28 组图片作为刺激材料。通过眼动实验和问卷调查，获知青年男性与女性对于内衣色彩心理认知习惯的性别差异。

二、眼动技术在服装陈列中的应用

陈列是指把商品有规律地集中展示给顾客，是一种以视觉吸引力来推销产品的规划方法，最终从心理上打动消费者，促进消费。服装卖场陈列作为视觉营销的重要环节，对提高服装销售业绩及建立品牌形象有着重要的作用。应用眼动技术对服装陈列的探讨主要集中在陈列布局、橱窗陈列等方面，下面介绍相关的研究成果。

(一) 服装陈列布局研究

零售终端的服装展示设计已由单纯的商品陈列到如今以视觉为表现形式的展示陈列设计。心理学实验表明，人们看物体时不可能一眼就看清楚整个对象，而是有一定的先后顺序，这种先后顺序即是视觉心理。服装门店的陈列布局需要根据人们的视觉心理进行合理设计，引导和促进消费(图 8-17)。

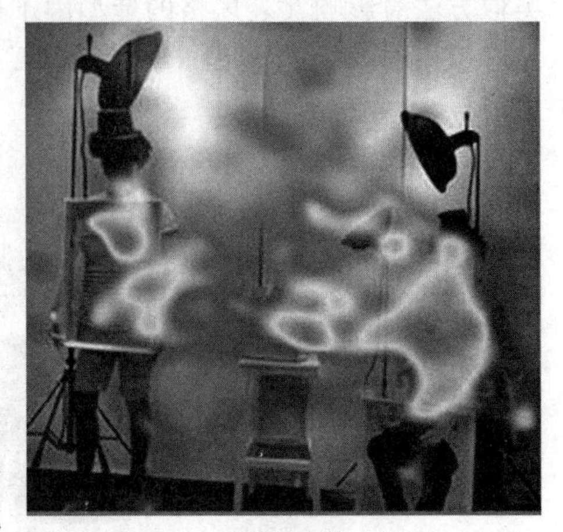

图 8-17　眼动技术对服装橱窗陈列研究的热点图

相关学者应用眼动仪，通过对比两个女装品牌的陈列效果，发现门店内的装饰品展示区域是可以投放广告、体现品牌文化的区域，陈列布局不合理导致很多重要的陈列信息没有被消费者捕捉到等结论。

相关学者以视觉营销理论为基础，利用眼动跟踪技术，对女装品牌的橱窗展示进行元素解析。结果发现被试者均注意到橱窗陈列这一视觉元素，对橱窗的关注程度高于店内其他视觉元素。

(二) 服装陈列色彩研究

服装品牌终端卖场陈列色彩是指终端中各部分物体之间及其与环境色彩的组合与搭配，它服务于卖场的气氛营造。服装品牌终端陈列可充分利用色彩来提升品牌价值和企业形象识别程度。色彩与服装陈列的有机结合必将在销售内容和形式上产生巨大的影响。根据目前已有的研究发现，对于服装陈列色彩的研究大多停留在问卷调查、实地访谈等主观分析方法，未来有待结合眼动实验进行更加深入的研究。

三、眼动技术在服装广告中的应用

尽管眼动研究已被运用于设计等领域，但目前广告设计的眼动研究仍为此类研究的主体。如何让广告在海量的商品信息中脱颖而出，抓住受众的眼球，得到消费者的青睐，让广告费用物有所值是每个广告人关心的核心问题。心理效应测定是广告心理学研究的重要内容，测定方法包括广告媒体的认知测量、广告媒体的记忆测量、视像心理测量、意向测量等。视像心理测量是考察人们观看广告时，最先注视的部分，而使用最多的测量仪器就是眼动仪。应用眼动仪进行服装广告研究的集中在网络广告和平面广告，下面介绍相关成果。

(一) 服装网络广告研究

研究发现在网络购物活动中，服装类商品的消费人数比例位居第一。服装的高感知性决定了网络平台无法传递完整的产品感官信息，消费者能直接获得的更多是视觉感知。应用眼动仪，可以客观分析网络平台的文字、图像、色彩等刺激因素的组合和重点，为服装网络广告设计建立理论基础。

相关学者通过眼动实验评估服装网络广告的位置和动静特征对消费者的影响。发现位于网页上部和中部的服装广告，被试的大学生注视次数较多，动态的服装广告比静态的能吸引更多的注视时间。

相关学者通过眼动跟踪实验、主观问卷调研以及虚拟网上购买和评价实验，对网上服装展示构成要素与消费者购买决策之间的关联度进行研究。发现网上服装展示构成要素的改变会对消费者的购买行为产生显著影响。

(二)服装平面广告研究

凡是发布于平面广告媒体(以长、宽两个维度存在和显露的媒体)上的广告，都称为平面广告。尽管现在广告方式越来越多样化，平面广告依然是服装宣传和品牌塑造的重要方式。随着快时尚服装的盛行，商场内的平面广告是争夺消费者眼球的关键因素(图8-18)。

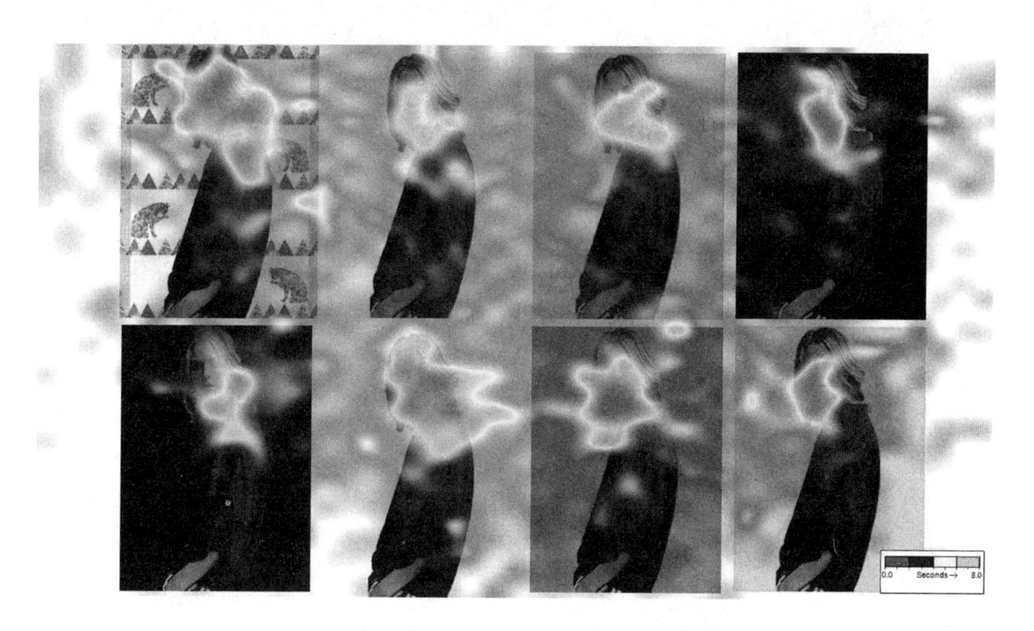

图8-18 眼动技术对服装平面广告背景颜色研究的热点图

相关学者应用四幅服饰平面广告作为实验材料进行问卷调研和眼动追踪，总结平面广告中各项视觉要素的重要性，不同类型广告受众间差异，以及各要素对广告整体效果、心理效果及品牌效果的影响。

任务六 眼动技术在服装测试中的发展前景

眼动研究被认为是视觉信息加工研究中最有效的手段之一。眼动技术在服装测试中的应用目前仍处于初级阶段，应用较多的在款式设计、结构设计、平面广告、陈列广告等方面，仍然有较多领域未开发。随着眼动仪的造价大幅下降，性能却有了很大的改善，未来眼动技术在服装测试中仍有广阔研究领域有待开发，并呈现如下发展前景：

(1) 认知加工的眼动模型的建立，尚没有发现一些共同的规律，这与缺乏相应的理论探索有关。目前，眼动技术在服装领域的研究还停留在比较浅显的层面，未来有待进一步深入。

（2）眼动研究的生态化水平将进一步提高。随着眼动仪软硬件的不断研制完善，今后的眼动研究不论是实验的对象，实验的场景，实验的任务都将更具真实性，这样的结论应用于服装市场将更具说服力。

（3）眼动实验样本采集建立在大量的被试者数量和类型，不同实验团队之间的合作、共享数据，心理学、服装人体工学、计算机等跨专业之间的合作，都将进一步提高实验结论的普及性和准确度。

模块九　行为分析技术

行为分析是将任务(知识、技能、行为、习惯等)分解成若干个步骤,通过录像机对动作与时间进行记录以观察和记录用户的活动,并帮助研究人员对所记录视频中的动作进行时间点的研究。行为分析包括动作行为分析和面部表情分析。通过观察分析工作执行步骤,可以进行服装结构优化,使服装具备良好的可穿性,极大提高工作热情和效率。另外通过观察分析步骤中的难点和易点,结合其他生理指标测量可以进行着装状态下工作负荷评价,优化服装结构。面部表情分析通过对视频图像中的每一帧进行记录,对面部表情的关键指标进行准确测量。这些参数可以洞察消费者的情绪状态,并提高消费品、广告、媒体、软件的商业价值。

任务一　动作行为分析

行为分析技术可以将人体穿着服装之后从事某项活动的行为动作进行记录,根据动作——时间和工效学分析对服装结构进行科学的优化。此外,行为分析系统还可以应用到服装生产企业中,对流水线上每项工序的动作和时间进行分析,优化流水线设计,达到提高生产效率,保证工作安全和舒适的目的。

动作行为分析目前主要有荷兰诺达思(Noldus)公司的 Observer XT 行为分析系统和 NexGen Egonomics 公司的 MVTA 行为分析及人机工效任务分析系统。

一、Observer XT 行为分析系统

(一) 特点与应用

Observer XT 行为观察分析系统是研究人类行为的标准工具,可用来记录分析被研究对象的动作、姿势、运动、位置、表情、情绪、社会交往以及人机交互等各种活动,包括各种行为发生的时刻、发生的次数和持续的时间,然后进行统计处理,得到分析报告

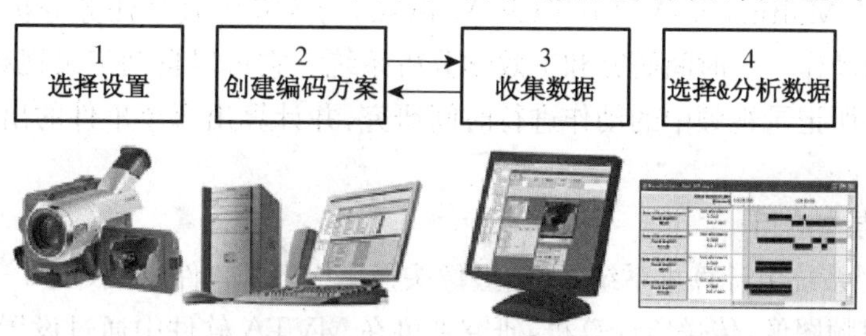

图 9-1　行为分析流程

(图 9-1)。该系统可应于心理学、人因工程、产品可用性测试、人机交互等领域的实验研究,实验室布置如图 9-2 所示。

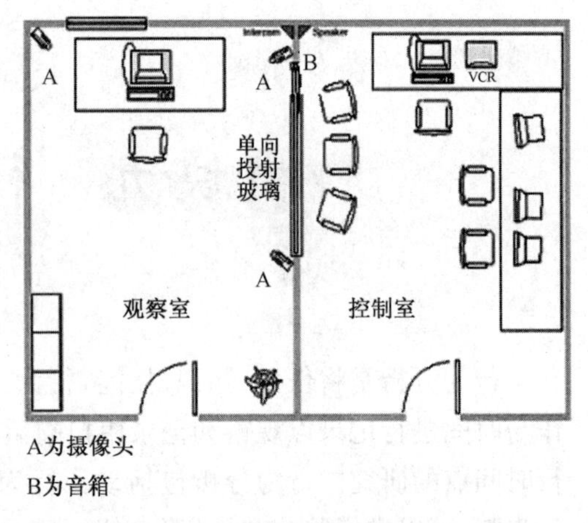

图 9-2　行为分析实验室平面图

(二) 型号

Observer XT 行为观察分析系统有 Observer XT Basic、Observer XT Mobile 和 Observer XT Video 三种型号。

1. Observer XT Basic

Observer XT Basic 行为观察分析系统为一套行为记录统计分析软件,主试事先将被试的行为进行编码,行为发生过程中主试将观察到的行为按编码输入计算机,软件通过编码识别各种行为后进行分类整理统计分析从而得到行为报告。

2. Observer XT Mobile

Observer XT Mobile 行为观察分析系统由一套行为统计分析软件和一个手持式数据输入器 Psion Workabout MX 构成。主试事先将被试的行为在手持式数据输入器上进行编码,在现场将看到的被试行为以编码方式手动输入数据输入器,返回实验室后将数据输入器中的行为数据传输到计算机上,通过 Observer XT 软件对此行为数据进行分析。

3. Observer XT Video

Observer XT Video 行为观察分析系统采用音频视频记录设备将被试的各种行为活动摄录下来,主试将被试的行为进行编码然后回放录像,通过观看录像并将录像中记录的行为按编码输入计算机从而得到按时间顺序排列的行为列表,软件通过编码识别各种行为后进行分类整理统计分析从而得到行为报告。

(三) 数据分析

数据分析时可以设定边界条件,即选择所要分析的行为类别、具体行为以及时间段等,软件根据主试设定的条件选择数据进行分析。通过分析可以得出各种行为第一次发生的时间、总计发生的次数、频率、每次发生的时间、总的持续时间、总的持续时间在全部观察时间中所占的百分比、最短的持续时间、最长的持续时间、平均的持续时间、总持续时间、持续时间的标准差、持续时间间隔置信区间等。

二、MVTA™行为分析及人机工效任务分析系统

MVTA™(Multimedia Video Task Analysis)行为及工效学任务分析系统是一个基于视频分析的动作——时间研究和工效学分析系统。它可以自动记录视频与时间,并帮助研究人员对所记录视频中的动作进行时间研究,并计算出每个事件的出现频率以及姿势分析。

(一) 特点与应用

MVTA™系统由计算机系统,视频摄像头及 MVTA 软件组成(图 9-3)。系统通过摄像头获得视频图像,传送给计算机,研究者可在 MVTA 软件中通过设置视频记录断点

(定义事件开始与结束的特征匹配)的方法进行被试动作识别(识别活动的开始和结束),对其动作进行定义和时间划分,视频可以在任意的速度和顺序下进行记录和分析(实时、快/慢速、逐帧播放),研究人员可以以连续循环的方式不限次数的重播视频,或在任意时间停止任意动作的任意事件,最后给出目标动作的时间或频率的研究报告。

该系统的典型应用领域有:人机交互、人因工程学、心理学、工业工程、人体康复、运动和科学等。可为该领域的研究人员提供如下的应用方向:

- 作业(能动性)取样,工作活动采样;
- 事件分析;
- 详细工作流程分析;
- 姿势分析;
- 风险因素识别;
- 任务分析;
- 量化重复和持续时间;
- 时间与动作研究;
- 工作采样;
- 微动分析;
- 左右手分析;
- 行为观察;
- 要素分析。

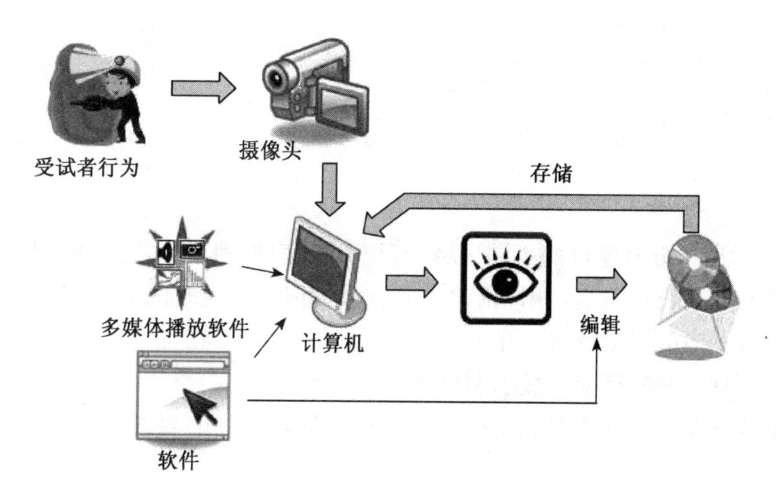

图 9-3　MVTA 系统构成

(二) 数据分析

在对被试的动作进行记录后,通过 MVTA 软件进行动作分析。首先由主试确定不同的事件内容,并输入列表窗口,视频观看过程中,按下数字键(对应一个事件)标志着选定事件,然后进行主任务分析,并输出分析报告。

1. 记录和事件结构

时间表代表时间的空间距离。通常用于研究时间内一系列活动和事件来理解当前事件的各个方面。所有的活动和事件都在特定时间点发生。相关事件的有序序列可使用时间表来组成一个系统结构图。发生的事件列在左边,未发生的事件列在时间表的右边,如图 9-4 所示。分级的第一级是各种工作的任务分配,下一级则包括中断一项工作去进行特殊任务或活动,重复性任务可分为不同周期,每个周期包括诸多元素,这些元素代表作业的序列单元组成一个任务的一个周期。最下级将每个元素分解到细微的运动和消耗(如伸出、移动、抓取)。

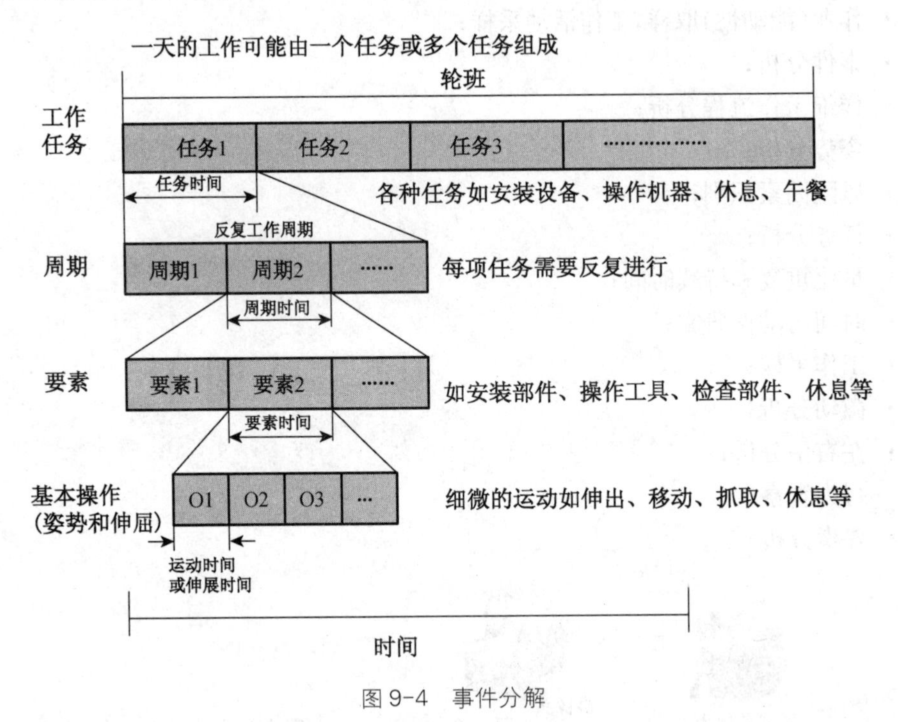

图 9-4　事件分解

2. 主任务分析窗口

图 9-5 示出了分析窗口的不同区域,有记录表窗口、帧数、时间光标、事件表窗口等。

记录表窗口:描述时间内相同活动不同方面的记录列表或记录集合。

(1) 帧数。当前视频帧数的显示。

(2) 时间轴。时间范围的显示和更改。

(3) 事件表窗口。事件列表窗口可识别并能输入事件的要素,不同颜色代表不同的事件元素。

(4) 时间轴窗口。每个记录任务的时间表。

(5) 事件加速按钮。分配断点,编辑和删除事件。

3. 报告输出

该系统可以提供时间研究(统计学)、频率研究(统计学)、实际断点时间和实际持续时间四种报告,可在报告设置对话框自定义每个分析报告的输出特征。

(1) 时间分析。时间分析报告提供事件持续时间内的统计信息(平均值、标准差、置信区间和样本大小),可生成一个基于事件表序列的详细报告。

(2) 频率分析。频率分析报告提供相似事件发生频率的统计信息(平均值、标准差、

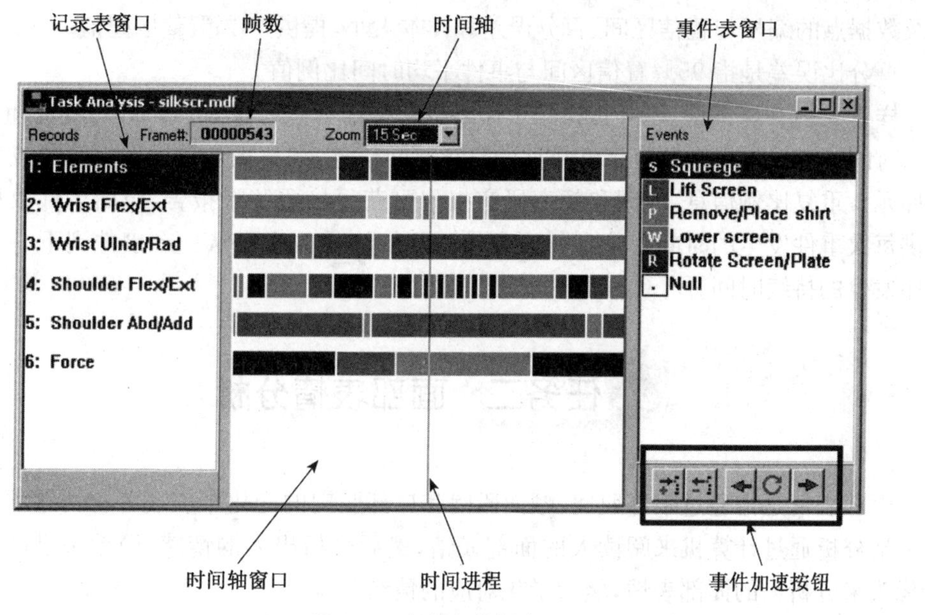

图 9-5　主任务分析窗口

置信区间和样本大小)，可生成一个基于事件表序列的详细报告。

(3) 断点时间。断点分析报告提供连续事件实时数据，旨在无需任何统计分析或者额外处理就可进行事件输入。此报告可作为一种用于事件数据输出的方法。

(4) 持续时间。持续时间分析报告提供相邻事件的持续时间，或者间隔，旨在无需任何统计分析或者额外处理就可进行的事件输入。此报告可作为一种用于事件数据输出的方法。

图 9-6 是一个生成的时间报告。报告窗口的上半部分显示报告类型，分析文件名称，显示记录，事件编号和事件标签，数据单元。下半部分显示的是分析数据，每一栏都对应一个事件标签。摘要统计数据在列栏的底部显示。

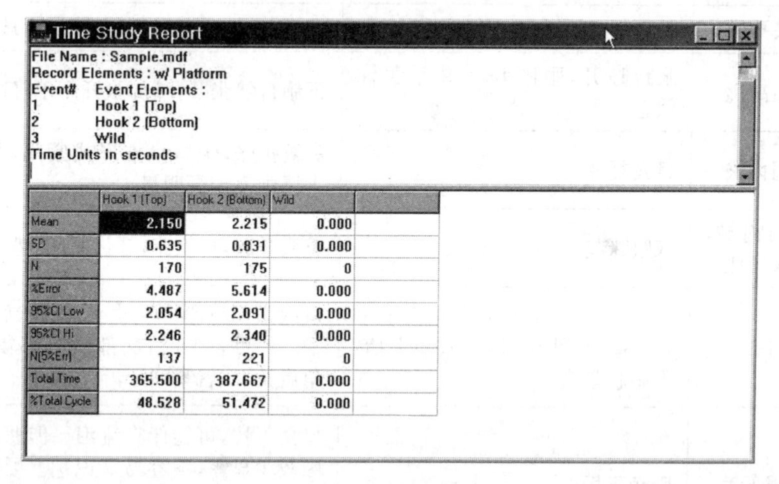
Time Study Report

File Name : Sample.mdf
Record Elements : w/ Platform
Event# Event Elements :
1 Hook 1 (Top)
2 Hook 2 (Bottom)
3 Wild
Time Units in seconds

	Hook 1 (Top)	Hook 2 (Bottom)	Wild
Mean	2.150	2.215	0.000
SD	0.635	0.831	0.000
N	170	175	0
%Error	4.487	5.614	0.000
95%CI Low	2.054	2.091	0.000
95%CI Hi	2.246	2.340	0.000
N(5%Err)	137	221	0
Total Time	365.500	387.667	0.000
%Total Cycle	48.528	51.472	0.000

图 9-6　时间报告窗口

在给定的百分比误差、累计事件时间总和和总周期值范围内，显示平均数、标准差，以及数据点的编号与置信区间、百分误差和样本大小，提供95%置信区间值。

百分比误差是指95%置信区间与事件平均时间比例值。

样本大小 N(5%误差值)提供一个需多少数据样本达到5%的百分误差估计值。

时间研究报告提供所有事件排列的持续时间信息，频率报告提供发生间隔或者所有事件元素重复比例信息，时间和频率研究报告可获得摘要统计报告，原始事件数据报告提供每次事件发生的时间点信息。而事件时间持续报告提供从一个事件到下一个事件顺序发生的持续时间。

任务二　面部表情分析

面部表情是指通过眼部肌肉、颜面肌肉和口部肌肉的变化来表现各种情绪状态。面部表情分析通过计算机来阅读人的面部表情，然后分析出人的情感，简单来讲就是通过摄像头来分析人的面部表情，然后量化对应的情绪反应。

一、面部表情的特点

美国心理学家保罗·艾克曼(Paul Ekman)提出不同文化的面部表情都有其共通性，他和研究团队较早地对脸部肌肉群的运动及其对表情的控制作用做了深入研究，开发了面部动作编码系统(Facial Action Coding System，简称FACS)来描述面部表情。他们根据人脸的解剖学特点，将其划分成若干既相互独立又相互联系的运动单元(AU)，并分析了这些运动单元的运动特征及其所控制的主要区域以及与之相关的表情，并给出了大量的照片说明。许多人脸动画系统都基于FACS。表9-1列出了不同面部表情的结构特点。

表9-1　面部表情的结构特点

表情	额眉	眼　部	下颌
快乐	额头平展	眼睛闪光而微亮	面颊上提；嘴角后拉，上翘如新月
惊奇	双眉高挑	眼睑睁开，眼睛睁大并呈关注状态	下颌自然张开，嘴部张开用于轻微快速吸气
愤怒	额眉内皱	目光凝视	鼻翼扩张，张口呈方形或紧闭，并在愤怒的大哭中表现最明显
厌恶	额眉内皱，肌肉紧张	双眼眯起	鼻头皱起，口微张，牙齿紧闭，嘴角上拉
恐惧	额眉平直	眼睛张大时，额头有些抬高或平行皱纹，眉头微皱，上眼睑上抬，下眼睑紧张。	口微张，双唇紧张，显示口部向后平拉，窄而平。严重恐惧时，面部肌肉都较为紧张，口角后拉，双唇紧贴牙齿
悲伤	额眉下垂	眼角下塌	口角下拉，可能伴有流泪。但悲伤痛苦表情因较少显露，不容易被识别。婴幼儿悲伤常伴随哭泣，有鲜明的外显形式；成人的痛苦则很大程度上由于受文化的制约而被掩盖

二、面部表情分析系统

（一）Noduls 面部表情分析系统

Nodul 面部表情分析系统是较早进行商业化开发的面部表情自动分析工具，主试使用该系统能够客观地评估被试的情绪变化，节省时间和资源，提高精确度和可靠性，并且可以完全整合到行为观察记录分析系统中进行分析和可视化，这种良好的兼容性可以使研究者分析完整的实验场景，如：被试正在观看什么样的用户界面，哪个图像触发了其情绪反应（图 9-7）。

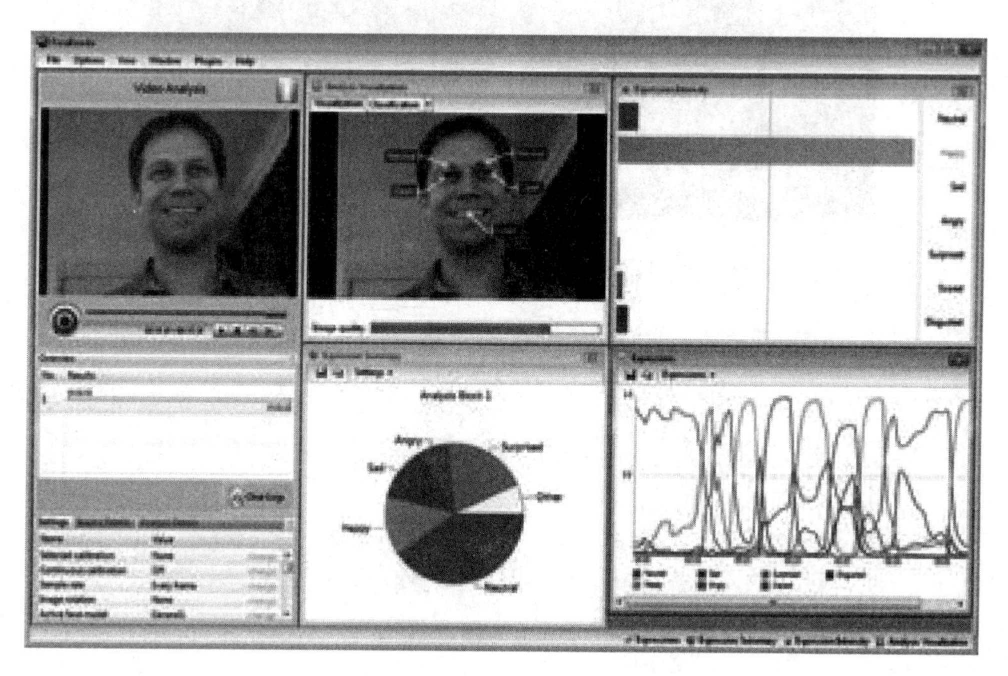

图 9-7　Noduls 面部表情分析系统

面部表情分析系统由面部表情分析系统软件、网络摄像头或摄像机、照明设备、计算机组成。可将表情划分为高兴、悲伤、生气、惊讶、害怕、厌恶、没有表情七类。除此之外，面部表情分析系统还能够自动分类面部的以下特征：嘴部张闭，眼睛睁闭，眉毛扬起、正常及降下，记录头部朝向和注视方向等，从而为研究者分析面部表情提供了大量有效数据。

面部表情分析系统的工作过程分 3 个步骤：

1. 面部寻找

使用激活模板法准确寻找面部。

2. 面部建模

利用激活外观模型合成描述 55 个关键点具体位置和面部纹理的人工面部模型。

3. 面部表情分类

面部表情分类工具能够输出面部表情分类：包括六种基本表情和一个无表情。

（二）Realeyes 面部表情分析系统

Realeyes 也是一个使用“计算机视觉”来读取人们的面部表情，然后通过计算分析出相应的情感，并将它们运用到广告效果分析中的工具，是情感分析技术的现实应用。

该系统将人类的情绪分为 5 个类别——愤怒、厌恶、恐惧、快乐、伤感、惊讶，然后根据脸部各部分肌肉的运动情况，如眼睛、眉毛的弧度，嘴巴的张开程度，鼻翼的扩张程度，来判定此人现在的情绪状态。这些情绪的解读都可以通过普通的摄像头完成，如图 9-8 所示。

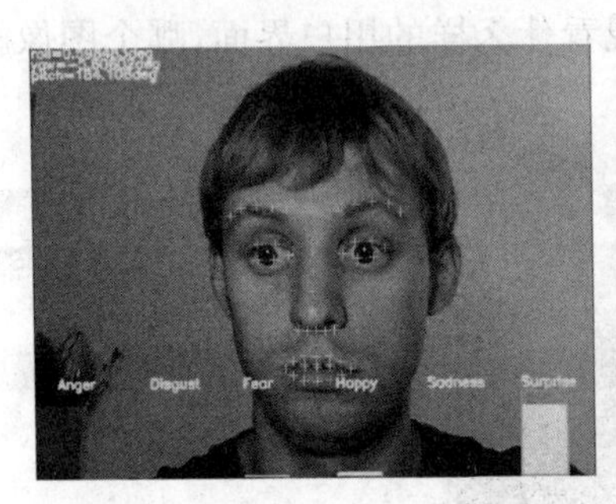

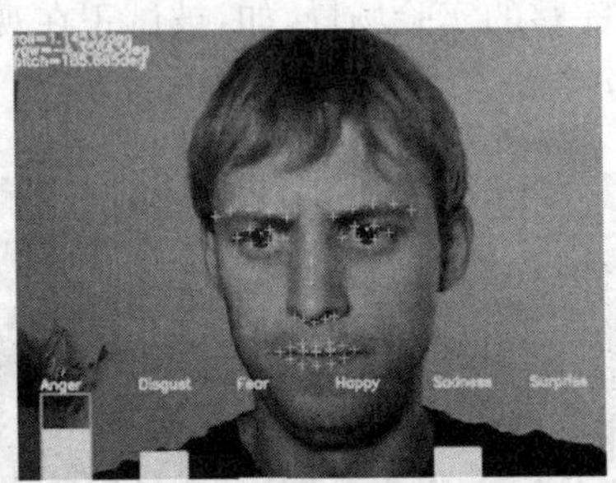

图 9-8 Realeyes 面部表情分析系统

模块十 人体动作捕捉技术

运动捕捉技术(Motion Capture,简称 Mocap)是通过在运动物体的关键部位设置跟踪器,由动作捕捉系统捕捉跟踪器位置,记录人体动作和空间位移,再经过计算机处理后得到三维空间坐标的数据。动作捕捉是指在一定空间范围内通过对特殊标记点的跟踪来记录捕捉对象运动信息,然后将其换算为可使用数学方式进行表达的运动的过程。从功能的角度说,动作捕捉技术是一种用来记录人体动作,并将其转换为数字模式的技术;从技术的角度说,动作捕捉的实质是测量、记录物体在三维空间中的运动轨迹。

近年来,随着计算机软硬件技术和传感器技术的快速发展,动作捕捉技术在游戏设计、运动分析、生物力学、人机工程等领域得到了越来越广泛的应用。在发达国家,运动捕捉已经进入了实用化阶段,有多家厂商相继推出了多种商品化的运动捕捉设备,如MotionAnalysis、Polhemus、Sega Interactive、MAC、X-Ist、FilmBox 等,成功地用于虚拟现实、游戏、人体工程学研究、模拟训练、生物力学研究等方面。

在服装领域,人体动作捕捉可以通过捕捉着装人体的动作和活动路径,帮助研究人员进行量化分析,并结合人体生理学、物理学原理,研究改进的方法,使服装的设计和研究摆脱纯粹的依靠经验的状态,进入科技化、数字化时代。

任务一 人体动作捕捉的组成部分和基本方式

目前主要使用的运动捕捉技术从原理上可分为光学式、机械式、电磁式、声学式及视频捕捉式。不同原理的设备,在定位精度、实时性、使用方便程度、可捕捉运动范围大小、抗干扰性、多目标捕捉能力,以及与相应领域专业分析软件连接程度等方面,各有优劣。

一、人体动作捕捉的基本组成部分

从技术的角度来说,运动捕捉的实质是测量、跟踪、记录物体在三维空间中的运动轨迹。典型的运动捕捉设备一般由以下几个部分组成:

(一) 传感器

传感器是固定在运动物体特定部位的跟踪装置,向运动捕捉系统提供运动物体的位置信息,一般会随着捕捉的细致程度确定跟踪器的数目。

(二) 信号捕捉设备

信号捕捉设备负责位置信号的捕捉,因运动捕捉系统的类型不同而有所区别,如机械捕捉系统是一块捕捉电信号的线路板,光学运动捕捉系统则是高分辨率红外摄像机。

(三) 数据传输设备

数据传输设备将大量的运动数据从信号捕捉设备快速、准确地传输到计算机中进行处理,以满足需要实时效果的运动捕捉系统需要。

(四) 数据处理设备

借助计算机对数据高速的运算能力来进行数据修正和处理。

二、人体动作捕捉的基本方式

(一) 光学式动作捕捉

光学式动作捕捉是目前应用较为广泛的方式,其实现的主要原理是利用分布在空间中固定位置的多台摄像机,通过对捕捉对象上特定标志点(Marker)的监视和跟踪完成动作捕捉。标志点有主动式和被动式两种,其主要性能也各具特点:主动的标志点由系统提供标志点发光的电源和控制标志点的发光频率,发射的红外光源;被动的标志点则需要系统提供红外光源,以其表面的发光材料发射红外光源。

优点:①被试活动的动作幅度大,无线缆、机械装置对动作的束缚;②采样速率较高,一般可达每秒 60 帧,可满足大多数动作捕捉的需求;③标志点价格便宜,系统扩充成本低廉。

缺点:①系统整体造价高昂。一套典型的光学式动作捕捉系统一般由 32 台左右的摄像机组成,同时还有庞大且复杂的后期处理设备,一套光学式动作捕捉系统的造价常高达数十万甚至数百万。②系统对环境要求较高,表演者活动空间范围有限。光学式动作捕捉系统对场地的光照及反射情况十分敏感,易造成标志点的误采集,因此对场地的限制条件较高。由于摄像机的分布需求,动作捕捉常限定在室内条件下进行。因此,动作捕捉场地不可能很大,这就对许多需要大范围运动动作的捕捉产生了限制。③后期处理成本大,实时性表现不佳。由于运动中各标志点很容易互相混淆和遮挡,从而产生错误的动作捕捉结果,因此需要人工后期介入处理数据。而一次动作捕捉所产生的数据量是十分庞大的,通常一段 5 min 的动作捕捉结果需要一个动作捕捉师 3 天的工作才能完成后期的数据处理。

(二) 机械式动作捕捉

机械式动作捕捉是借助机械装置完成运动信息的采集。典型的机械式动作捕捉系统由多个关节和刚性连杆组成,借助安装在各个关节处的角度传感器完成各时刻的关节形态的采集以此可重绘出该时刻被捕捉对象的形态,也是目前较为常用的解决方案。

优点:①对环境限制比较小,不需要对环境有材料、质地、光照条件等方面的限制;②捕捉精度较高,可以较真实的还原捕捉对象运动信息;③可以实现实时捕捉,由于数据处理量较小和实现原理简单,因此可以满足实时性的动作捕捉需求;④可同时捕捉多个对象,由于动作捕捉模块相对独立,排除了光学式捕捉中各标志点互相干扰的情况,因此可以满足多对象同时捕捉的需求。

缺点:机械装置对捕捉对象的动作限制较大,使用不便。

(三) 电磁式动作捕捉

系统主要由电磁发射源、接收传感器和数据处理单元所组成。由电磁发射源产生一个低频的空间稳定分布的电磁场，被捕捉对象身上佩戴着若干个接收传感器在电磁场中运动，接收传感器切割磁感线完成模拟信号到电信号的转换，再将信号传送给数据处理单元，数据处理单元则可根据接收到的信号推算出每个传感器所处的空间方位。

优点：①技术成熟，成本低廉；②可实现实时捕捉。

缺点：①为了减低抖动和干扰对动作捕捉的影响，一般采样频率被限定在 15 Hz 左右，因此对高速运动比如跑步等的捕捉效果失真度较高；②当对多个运动对象进行捕捉时，如果采用无线数据传输方式，则多个发射源发射的信号将会产生互相干扰，如果采用线缆方式传输，则对捕捉对象的运动又会产生较大的限制；③对环境要求严格，要求环境周围不能存在强磁场，不能有金属物质。

（四）声学式动作捕捉

主要由超声波产生器，接收器和处理单元组成。超声波产生器不间断的向外发射超声波，接收器内部由 3～4 个超声波探头组成，通过超声波到达不同探头的时间差以计算出对应接收器的空间位置和运动方向。

优点：利用超声波的穿透性很好的解决人体的遮挡问题，并且成本低廉。

缺点：①捕捉有较大的延迟和滞后，实时性较差；②精度不高，误差较大；③接收器和发射器之间不能存在较大的遮挡物，以免影响声波传输；④声波的速度受到较多因素的干扰，比如空气的温度、湿度及气压等，因而需要做出对应的补偿。

（五）视频捕捉式动作捕捉

主要模仿人眼的原理，利用空间两个摄像头在某一时刻的所拍摄的两帧影像之间的对比识别出捕捉对象和完成对捕捉对象的定位，目前已经成熟的商用版本有微软的 kinect 体感游戏辅助设备等。

优点：采用仿生学原理，对运动对象没有限制，对运动范围也没有限制，硬件成本十分低廉，实时性表现很优异。

缺点：实现难度较大，算法复杂，且精度有待提高。

任务二　光学式人体动作捕捉技术的基本方法

光学式动作捕捉是目前应用较为广泛的方式，在此就光学式人体动作捕捉技术的基本原理和方法进行介绍。

一、人体关节树

光学式动作捕捉通常将人体分成 16～18 个肢体段（不包括手足的细节），如图 10-1 所示，分别设置若干个标记点。

二、光学系统

光学式动作捕捉分为无标记点式和有标记点式两种（表 10-1）。有标记点式光学动作捕捉按照标记点的类别可以分为主动式和被动式两种，主要区别在于主动式捕捉的标

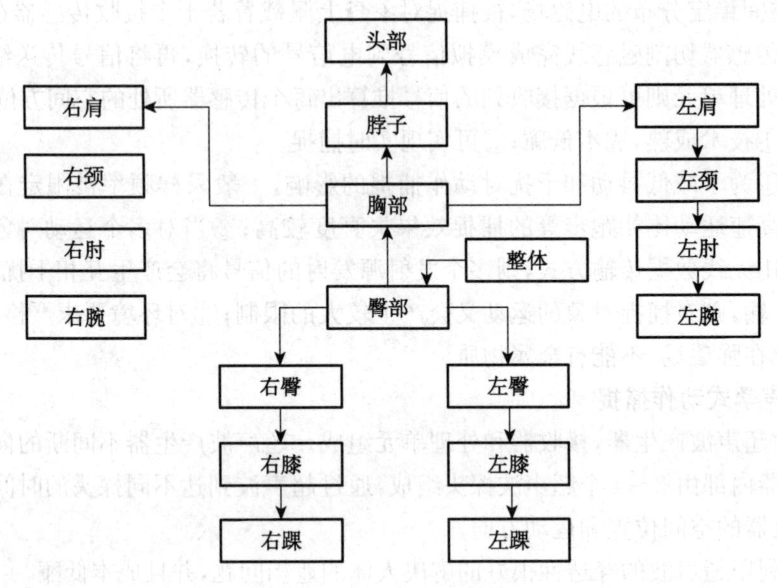

图 10-1 人体关节树

记点采用发光二极管等主动发光设备，而被动式捕捉的标记点则是将涂有特殊材质的反光球粘贴于人体各主要关节部位，由动作捕捉镜头上发出的 LED 照射光经反光球反射至动作捕捉相机，进行标记点的检测和空间定位。光学式动作捕捉的性能指标比较，见表 10-2。

表 10-1 光学式动作捕捉的类型

<table>
<tr><td rowspan="3">光学动作捕捉</td><td>无标记点式</td><td colspan="2">在物体上不额外添加标记，基于二维图像特征或三维形状特征提取的关节信息作为探测目标</td></tr>
<tr><td rowspan="2">标记点式</td><td>主动式</td><td>标记点由 LED 组成</td></tr>
<tr><td>被动式</td><td>标记点是一种高亮回归式反光球</td></tr>
</table>

表 10-2 光学式动作捕捉比较

性能指标	惯性式	无标记点式	主动式光学	被动式光学
定位精度	低	低	一般	高
采样频率	高	低	低	高
动作数据质量	一般	低	一般	高
快速捕捉能力	高	低	低	高
多目标捕捉能力	一般(成本加倍)	低(成本不变)	低(成本不变)	高(成本不变)
运动范围	大	小	一般	一般
环境约束	铁磁体干扰	阳光、热源干扰	强光源干扰	阳光干扰
使用便携性	低(线缆、负重)	高	低(线缆、电源)	一般(反光标记点)
适用性	一般(人体、刚体)	低(仅人体)	一般(人体、刚体)	高(人体、刚体、细节表情等)

（一）主动式

主动式光学动作捕捉系统采用高亮LED作为光学标识，将LED粘贴于人体各个主要关节部位，LED之间通过线缆连接，由绑在人体表面的电源装置供电。

1. 主要优点

采用高亮LED作为光学标识，可在一定程度上进行室外动作捕捉，LED受脉冲信号控制明暗，以此对LED进行时域编码识别，识别鲁棒性好，有较高的跟踪准确率。

2. 主要缺点

（1）时序编码的LED识别原理本质上是依靠相机在不同时刻对不同的标志点采集成像来进行ID标识，相当于在同一个动作帧中分别针对每个标志点进行逐次曝光，破坏了动作捕捉的标志点检测的同步性，导致运动变形，因此不利于快速动作的捕捉。

（2）由于相机的帧率很大部分用于单帧内，对不同标志点点的识别，因此有效动作帧采样率较低，也不利于快速运动的捕捉和数据分析。

（3）LED标志点可视角度小（发射角120°左右），一个捕捉镜头内部通常集成了两个相机近距离采集，这种窄基线结构导致视觉三维测量精度较低，并且在运动过程中由于动作遮挡等问题仍然不可避免地导致频繁的数据缺失，如果为尽量避免遮挡造成的数据缺失，需要成倍增加动作捕捉镜头的数量弥补遮挡盲区问题，设备成本也随之成倍增加。

（4）由于时序编码的原理局限，系统可支持的标志点总数有严格限制，在保证足够的采样率前提下，同时采集人数一般不宜超过2人，且标志点数量越多，单帧逐点曝光时间越长，运动变形越严重。

（二）被动式

被动式光学动作捕捉系统也称反射式光学动作捕捉系统，其标志点通常是一种高亮回归式反光球，粘贴于人体各主要关节部位，由动作捕捉镜头上发出的LED照射光经反光球反射至动捕相机，进行标志点的检测和空间定位（图10-2）。

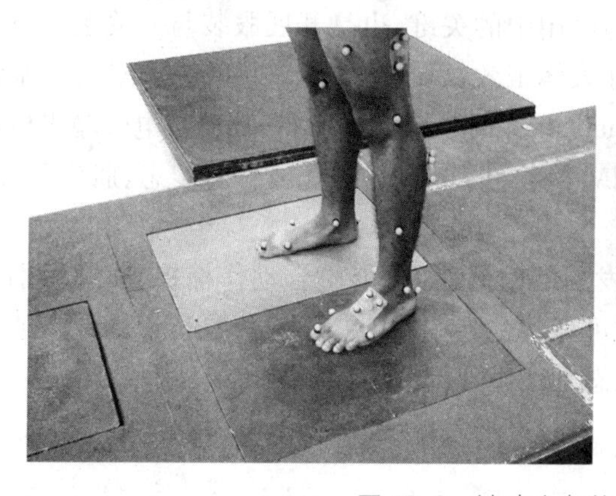

图10-2　被动式光学动作捕捉

1. 主要优点

技术成熟，精度高，采样率高，动作捕捉准确，表演和使用灵活快捷，标志点可以很低成本地随意增加和布置，适用范围很广。

2. 主要缺点

(1) 对捕捉视场内的阳光敏感，阳光在地面形成的光斑可能被误识别为标志点，造成目标干扰，因此系统一般需要在室内环境下正常工作。

(2) 标志点识别容易出错。由于反光式标志点没有唯一对应的ID信息，在运动过程中出现遮挡等问题容易造成目标跟踪出错，导致标志点ID混淆，这种情况通常导致运动捕捉现场实时动画演示效果不好，动作容易错位，并且需要在后处理过程中通过人工干预进行数据修复，工作量大幅增加。

三、动作捕捉技术的应用

(一) 主要程序

在动作捕捉之前，在被试的各个关节点上进行标记点固定，这些标记点在外部光源的照射下可以从不同角度反射出RGB值相同的光，利用固定摆放的一组光学动作捕捉镜头进行实时捕捉，从各个镜头中得到的序列图片中可以看到每一帧中标记点的运动情况，因此可以得到每一个特定的点随时间变化的连续运动轨迹，然后通过三维重建技术将这些点的运动轨迹还原为骨架模型的动作，使用三维数据编辑/通用数据格式转换软件打开捕捉的动作数据库，利用数据编辑功能对捕捉到的三维数据进行加工，对任意标识点、任意时刻在x、y、z方向上进行编辑、修补，最后利用数据转换功能将动作数据导出、分析等。

(二) 应用领域

动作捕捉能够在人机工程、服装设计及研发、着装运动分析等诸多方面提供准确的分析和评估。基于该设备提供的准确数据，研究人员能更加有效地通过三维动作捕捉提供的精确分析、实时的动作反馈，结合运动生物力学、工程力学、工程学设计、材料力学、结构力学等原理对产品进行设计及研发。使设计的机器和环境系统适合人的生理及心理等特点，达到在生产中提高效率、安全、健康和舒适目的的一门科学。捕获人类最真实的运动与感觉数据是人机功效的研究与应用中的关键，也是开展服装与人关系一类研究必备的设备。动作捕捉设备广泛应用在人体工效领域，比如汽车设计、机械设计、服装设计、工作环境及流程。同时，Motion Analysis系统还可与测力台、表面肌电等输出模拟信号的设备同步。结合OrthoTrak、SIMM等软件，可同时对受试者的步态、肌肉长度、表面肌电、受力等数据进行分析。

尤其在目前可穿戴智能服装高速发展的时代，如果能整合动作捕捉、模式识别等算法或添加内嵌该技术算法的芯片，那么可穿戴服装的功能将不仅仅是传统的记步或卡路里消耗计算，而是可以提供更多着装状态下动作数据的记录、分析、统计等信息。

模块十一 人工气候室技术

人类利用科技去克服恶劣的自然环境，并扩大了活动范围，但随之到来的是对人体健康的各种损害，也破坏了人类对自然环境的适应能力。因此，可以通过服装的环境适应实验设施测量服装与人体之间的微气候变化来研究人在着装状态下的适应能力，从而为研发更加健康、舒适的服装提供客观指导。

人工气候室（又称可控环境实验室）是通过人工控制光照、温度、湿度、气压和气体成分等因素来模拟自然界各种各样的气候环境的密闭隔离设备。其规模及可控条件可根据需要确定。它不受地理、季节等自然条件的限制并能缩短研究的周期，已成为科研、教学和生产的一种重要设备。

任务一 人工气候室技术的发展过程

人工气候室最早服务于农业生产，植物人工气候室常用于研究环境条件对生物生命活动的影响，也可用于某些生物的栽培、驯化、育种等工作。1949 年 6 月，世界上第一座植物人工气候室在美国加州理工学院建成。此后，近 20 个国家相继建立了不同规模、类型的人工气候室（箱），其中以日本的发展最为迅速。日本九州大学艺术工学部建立了环境适应研究实验室，计划研究人类未来在海底地下等新的环境生存的可能性，以及人类在各种自然条件下的反应及影响、生活环境和生活方式对睡眠的影响等。

20 世纪 70 年代以后，随着服装人体工学的发展，研究者们开始致力于人与服装、环境关系的实际应用研究，许多研究机构相继建立了模拟系统对此进行评价。人工气候室也从农业领域应用到服装领域，用以模拟人、服装、环境之间的热湿交换等方面的测试。由于人体实验在某些极端环境测试中（如高、低温等）有一定的危险性，因此使用假人在人工气候室中进行穿着模拟实验是现代服装舒适性研究中的重要一环，以获取更为准确的服装舒适性数据。

特侯乐（Technorama）于 1983 年在日本东丽株式会社的纺织品开发中心创建，建立以来始终密切围绕着“变幻莫测的环境—服装—人”之间的关系，为开发对人类最健康、最舒适、最安全的纺织品为目标，积极为消费者打造最合理的穿着理念，开辟纺织品舒适性研究开发的新纪元。Technorama 是由 Technology（技术）和 Panorama（不断变化的景象）复合而成的新名词。东丽纤维研究所（中国）目前在我国也创建了人工气候室，进行纤维和服装测试的模拟实验。

任务二　人工气候室的技术参数

人工气候室根据实验要求和实际条件的不同，建造规模也不同，大型的可以停放汽车。表 11-1 列出了日本九州大学艺术工学部的环境适应研究实验室的具体参数。

表 11-1　环境适应研究实验室参数

	室温(℃)	相对湿度(%)	照度(lux)	噪音水平(dB)
No. 1 高低压实验室	−10~50±1.0	30~80±5	0~1 000	40 以下
No. 1 照明实验室	0~50±0.5	30~90±3	0~10 000 色温度可变 3 000~10 000K	40 以下
No. 1 复合实验室(气流速度0~1.5 m/s，上中下三流独立控制)	0~50±0.5	20~90±3	0~10 000	40 以下
温热实验室	−40~50±1.0	30~90±5	0~1 000	40 以下
居住实验室	0~40±0.3	30~80±3	0~1 000 人工色温度可变 3 000~10 000K	35 以下
水浸实验室(水深 0~5 m，水温 5~30 ℃)	−10~50±1.0	—	1 000	45 以下
热放射实验室(红外线热放射 0~1 kW/m²)	−10~50±1.0	30~80±5	1 000	45 以下

供服装使用的人工气候室以东丽集团的特候乐为例。特候乐分为主室和副室两间(图 11-1)。主室供被试在其中进行各种模拟条件下(如暴雨、日照、降雪等)的实验，副室供主试使用，进行实验控制和监控。表 11-2 列出了特候乐可以实现的技术参数，表 11-3 列出了可搭配的实验仪器。

表 11-2　特候乐的技术参数

类别	项目	参　数	类别	项目	参　数
规模	主室	5.0 m×8.0 m×4.5 m	设定	降雨	0~200 mm/h
	副室	3.5 m×3.5 m×4.0 m		降雪	30 mm/h
设定	温度	−30~+50 ℃		日射	0~1 000 kcal/(m²·h)
	相对湿度	20%~80%		照度	0~100 000 Lux
	风速	0~30 m/s			

图 11-1 特候乐实景

表 11-3 可配套的测试设备

类 别	项 目
运动发生装置	功率车、跑步机等
观察记录测定仪	温湿度感应系统、红外热像仪等
生理学分析测定仪	心肺功能代谢仪、EEG/ERP 脑电测试系统、多导生理仪、服装压力测试仪等
假人	暖体假人、出汗假人、变温假人、体温调节假人等

任务三 人工气候室在服装测试中的发展前景

随着服装人体工学的发展，人工气候室技术用于服装舒适性评价的前景也越来越广阔。

一、再现各种复杂所编的自然环境

无论是极地的冰封雪地、热带的暴风骤雨，还是沙漠的烈日炎炎，都可真实模拟，为实施各种实验提供合理的环境。

二、突显“以人为本”的开发理念

通过测量伴随环境变化人体生理参数的变化，把握纺织品的穿着性能，开发高度舒适、安全、健康的纺织品。

三、实现复合化环境的设定

主/副室条件单独控制，可同时体现酷暑和严寒这两种截然不同的环境，使产业资材领域各种材料的性能评价成为可能。

四、实现向产业资材领域的展开

主室面积之大可容纳汽车，使实车测试以及大面积材料的评价成为可能。

参 考 文 献

[1] Bradley M M, Lang P J. International affective digitized sounds(IADS): Stimuli, instruction manual and affective ratings(Tech. Rep. No. B-2). Gainesville: The Center for Research in Psychophysiology, University of Florida, 1999.

[2] Bradley M M, Lang P J. Affective norms for English words(ANEW): Stimuli, instruction manual and affective ratings. Technical report C-1, Gainesville: The Center for Research in Psychophysiology, University of Florida. 1999.

[3] Bradley M M, Lang P J. Affective Norms for English Text(ANET): Affective ratings of text and instruction manual. (Tech. Rep. No. D-1). Gainesville: University of Florida, 2007.

[4] Bradley M M, Lang P J. Measuring emotion: the self-assessment manikin and the semantic differential[J]. Journal of Experimental Psychiatry & Behavior Therapy, 1994, 25(1):49-59.

[5] Desmet P M A. Measuring Emotion: Development and Application of an Instrument to Measure Emotional Responses to Products[M]. Dordrecht: Kluwer Academic Publishers, 2004. 111-123.

[6] Fitzsimons G J, Hutchinson J W, Williams P, et al. Non-conscious influences on consumer choice [J]. Marketing Letters, 2002, 13(3): 269-279.

[7] GAVRIEL, S. Handbook of Human Factors and Ergonomics (Third Edition)[M]. Hoboken: Wiley, 2006.

[8] Handy T C. Event-related Potentials: A Methods Handbook[M]. Bradford: MIT press, 2005.

[9] Helander M G. Preface[C]. Proceedings of International Conference on Affective Human Factors Design. Singapore: Asean Academic Press, 2001.

[10] Iris B M, Michael D R. Measures of emotion: A review[J]. Cognitive Emotion, 2009, 23 (2): 209 - 237.

[11] Jonas K O, Steven N, Henrique S, et al. Affective picture processing: an integrative review of ERP findings[J]. Biological Psychology, 2008, 77(3): 247-265.

[12] Kamijo M, Uemae T, Kwon E, et al. Influence of clothing pressure by waist belts on brain activity—brain activity on difference of perception modality of clothing pressure by waist belt: influence of information from visual perception[C]. International Conference on Kansei Engineering and Emotion Research. Paris: France, 2010.

[13] Khalid H M, Helander M G. Customer emotional needs in product design[J]. Concurrent Engineering, 2006, 14(3): 197-206.

[14] Kutas M, Hillyard S A. Event-related brain potentials to grammatical errors and semantic anomalies[J]. Memory and Cognition, 1983, 11(5): 539-550.

[15] Lang P J, Bradley M M, Cuthbert B N. International affective picture system(IAPS): Affective ratings of pictures and instruction manual. Technical Report A - 8. Gainesville: University of Florida, 2008.

[16] Lee S H, Harada A, Stappers P J. Pleasure with Products: Design Based on Kansei[J]. Pleasure with Products: Beyond Usability, 2002.
[17] Lokman A M, Noor N L M, Nagamachi M. Expert Kansei Web: A tool to Design Kansei Website [M]. Enterprise Information Systems. Berlin: Springer, 2009.
[18] Lewis M, Jones J M. H, Barrett L F. Handbook of Emotions[M]. NY: The GuilfordPress. 2010. 181.
[19] Munar E, Nadal M, Castellanos N P, et al. Aesthetic appreciation: event-related field and time-frequency analyses[J]. Frontiers in Human Neuroscience, 2012, 5: 185.
[20] Lewis D, Bridger D. Market researchers make increasing use of brain imaging[J]. Advances in Clinical Neuroscience & Rehabilitation, 2005, 5(3): 36-37.
[21] Nagamachi M. Kansei engineering as a powerful consumer-oriented technology for product development[J]. Applied Ergonomics, 2002, 33(3): 289-294.
[22] Oshin V C A, Vinod G. Neuroanatomical correlates of aesthetic preference for paintings[J]. Cognitive Neuroscience and Neuropsychology, 2004, 15(5): 893-897.
[23] Patty B, Janett R. Ready to Wear, Apparel Analysis [M]. Upper Saddle River: Prentice Hall, 2000.
[24] Rahman O, Wing-sun L, Lam E, et al. Lolita: Imaginative self and elusive consumption[J]. Fashion Theory: The Journal of Dress, Body & Culture, 2011, 15(1): 7-28.
[25] Sacharin V, Schlegel K, Scherer K R. Geneva emotion wheel rating study(Report). Geneva: University of Geneva, Swiss Center for Affective Sciences. 2012.
[26] Schütte S. Engineering emotional values in product design: Kansei engineering in development[D]. Linköpings: Linköpings University, 2005.
[27] Senior C E, Russell T E, Gazzaniga M S. Methods in Mind [M]. Cambridge: The MIT Press, 2006.
[28] Yoo S. Design elements and consumer characteristics relating to design preferences of working females[J]. Clothing and Textiles Research Journal, 2003, 21(2): 49-62.
[29] 巴尔斯. 认知、脑与意识:认知神经科学导论[M]. 北京:科学出版社,2008.
[30] (美)马斯洛. 动机与人格[M]. 第三版. 许金声,等,译. 北京:中国人民大学出版社,2007.
[31] (美)拉克. 事件相关电位基础[M]. 范思陆,等,译. 上海:华东师范大学出版社,2009.
[32] (美)诺曼. 情感化设计[M]. 付秋芳,程进三,译. 北京:电子工业出版社,2005.
[33] (美)安德鲁. 眼动跟踪技术:原理与应用[M]. 赵歆波,邹晓春,周拥军,译. 北京:科学出版社,2015.
[34] 孙林岩,崔凯,孙林辉. 人因工程[M]. 北京:科学出版社,2011.
[35] 唐孝威. 脑功能成像[M]. 合肥:中国科学技术大学出版社,1999.
[36] 魏景汉,阎克乐. 认知神经科学基础[M]. 北京:人民教育出版社,2008.
[37] 王春艳,卢章平,李明珠. 基于传统心理学和现代认知神经科学的产品情感获取方法研究[J]. 艺术与设计(理论),2012(4):131-133.
[38] 张海波. 服装情感论[M]. 北京:中国纺织出版社,2011.
[39] 周美玉. 感性设计[M]. 上海:上海科学技术出版社,2011.